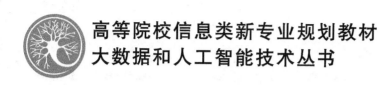

高等院校信息类新专业规划教材

大数据和人工智能技术丛书

基于 Python 语言的数据分析

余 挺　李 超　编著

北京邮电大学出版社

www.buptpress.com

内 容 简 介

本书从 Python 语言语法基础入手,旨在培养读者的基于 Python 语言的数据分析能力。全书共 6 章: 第 1 章介绍 Python 的准备工作;第 2 章主要介绍 Python 程序基础;第 3 章介绍 Python 的科学计算基础模块 NumPy;第 4 章讲解 Python 的数据分析基础模块 Pandas;第 5 章介绍 Python 的可视化模块 Matplotlib; 第 6 章讲解 Python sklearn 机器学习模块。本书每章都包含演示案例与作业,通过习题和操作实践,读者可 以巩固所学的内容。本书适合对 Python 感兴趣的读者阅读,还可作为高等院校 Python 语言相关课程的参考 书籍。

图书在版编目(CIP)数据

基于 Python 语言的数据分析 / 余挺,李超编著 . - - 北京:北京邮电大学出版社,2021.5(2023.12 重印) ISBN 978-7-5635-6341-8

Ⅰ. ①基… Ⅱ. ①余… ②李… Ⅲ. ①软件工具—程序设计—高等学校—教材 Ⅳ. ①TP311.561

中国版本图书馆 CIP 数据核字(2021)第 035902 号

策划编辑:姚 顺 刘纳新　　责任编辑:王晓丹 米文秋　　封面设计:七星博纳

出版发行:北京邮电大学出版社
社　　　址:北京市海淀区西土城路 10 号
邮政编码:100876
发 行 部:电话:010-62282185 传真:010-62283578
E-mail:publish@bupt.edu.cn
经　　销:各地新华书店
印　　刷:北京虎彩文化传播有限公司
开　　本:787 mm×1 092 mm　1/16
印　　张:15.75
字　　数:412 千字
版　　次:2021 年 5 月第 1 版
印　　次:2023 年 12 月第 2 次印刷

ISBN 978-7-5635-6341-8 　　　　　　　　　　　　　　　　　　　定　价:45.00 元

前　　言

　　Python 语言自诞生至今经历了约 30 年，但是在前 20 年里，国内使用 Python 进行软件开发的程序员并不多，而在近几年，人们对 Python 语言的关注度迅速提升，这不仅仅是因为 Python 语言非常优秀，也是因为当下科学计算、人工智能、大数据和区块链等新技术的发展需要。Python 语言具有丰富的动态特性、简单的语法结构和面向对象的编程特点，并且拥有成熟而丰富的第三方库，因此适用于很多领域的软件和硬件开发。

　　Python 是一门动态的、面向对象的脚本语言，也是一门简约、通俗易懂的编程语言。Python 入门简单，代码可读性强，Python 的这种特性称为"伪代码"，它可以使用户只关心完成什么样的工作任务，而不纠结于 Python 的语法。

　　另外，Python 是开源的，它拥有非常多优秀的库，可以用于数据分析及其他领域。更重要的是，Python 与最受欢迎的开源大数据平台 Hadoop 和 Spark 具有很好的兼容性。因此，学习 Python 对于有志于向大数据分析岗位发展的数据分析师来说，是一件非常节省学习成本的事。

　　Web 开发一直是 Python 比较重要的应用场景之一，Python、PHP 和 Java 也是传统 Web 开发的三大解决方案。Python 与 Java 相比具有开发周期短和调整方便的优势，但是 Java 语言在扩展性和性能方面具有一定的优势。PHP 目前在 Web 开发领域占据着较大的开发份额，Python 与 PHP 相比，优点在于代码的灵活性，而 PHP 则有健全的 Web 开发生态，平台兼容性做得非常好。

　　Python 在大数据和人工智能领域的广泛应用是近些年来 Python 语言取得快速成长的关键因素，Python 广泛应用于大数据应用开发和大数据分析领域，另外，大数据运维也可以使用 Python 语言，相信在大数据落地应用的过程中，Python 语言的使用范围将不断扩大。Python 在人工智能领域的应用涉及自然语言处理、计算机视觉和机器学习等领域，虽然人工智能尚处在行业发展的初期，但是人工智能领域的发展潜力还是非常大的，这也会带动 Python 语言全面拓展自身的应用边界。

　　Python 在嵌入式领域的应用使得 Python 语言打通了整个物联网开发体系，从设备、网络、平台到分析和应用，整个物联网开发体系都可以采用 Python 语言来完成功能开发，相信在 5G 通信的推动下，未来 Python 在物联网领域的应用前景也非常值得期待。

　　本书共分为 6 章，第 1 章介绍学习 Python 的准备工作，包括 Python 的由来与发展、Python 环境搭建、编辑器介绍与安装等；第 2 章主要介绍 Python 的数据类型、程序流程控制语句、函数等内容；第 3 章介绍 Python 的科学计算基础模块 NumPy，包括 NumPy 数组的基本操作、广播机制、索引和读写；第 4 章讲解 Python 的数据分析基础模块 Pandas，包括 Series 和 DataFrame 的使用；第 5 章介绍 Python 的可视化模块 Matplotlib，包括常用图形和 3D 图形的制作；第 6 章讲解 Python sklearn 机器学习模块，包括监督学习、无监督学习，从算法理论分析到案例演示，讲解回归、分类、聚类、降维等常用的机器学习算法。本书每章都包含演示案例与作业，通过习题和操作实践，读者可以巩固所学的内容。通过阅读本书，读者将迅速掌握编程概念，打下坚实的基础，并养成良好的习惯，进而可以开始学习 Python 高级技术，同时能够更轻松地掌握其他编程语言。

　　继续使用 Python，还是转而使用其他语言？相信读者都会考虑这个问题。可笔者依然推荐 Python，其中的原因有很多。Python 是一门效率极高的语言：相比于其他语言，使用 Python 编写时，程序包含的代码行更少。Python 的语法有助于创建整洁的代码：相比于其他语言，使用 Python 编写的代码更容易阅读、调试和扩展。

　　Python 可应用于众多方面：编写游戏、创建 Web 应用程序、解决商业问题以及供各类公司开发内部工具，Python 还在科学领域被大量用于学术研究和应用研究。

　　编程人员依然使用 Python 的一个最重要的原因是，Python 社区有形形色色充满激情的人。对程序员来说，社区非常重要，因为编程绝非孤独的修行，大多数程序员都需要向解决过类似问题的人寻求建议，经验最为丰富的程序员也不例外。需要有人帮助解决问题时，有一个联系紧密、互帮互助的社区至关重要，而对将 Python 作为第一门计算机编程语言来学习的人而言，Python 社区无疑是坚强的后盾。

　　Python 是一门杰出的语言，值得读者去学习，咱们现在就开始吧！

目　　录

第1章

Python 开发环境

1.1 Python 语言概述

Python 是一种跨平台的计算机程序设计语言,也是一种面向对象的动态类型语言,最初被设计用于编写自动化脚本(shell),随着版本的不断更新和语言新功能的添加,其越来越多地被用于独立的大型项目的开发。

Python 是目前最流行的全场景编程语言之一,在 Web 开发、大数据开发、人工智能开发和嵌入式开发等领域均有广泛的应用,同时 Python 语言是网络运维相关人员比较常用的编程工具之一。由于 Python 语言自身的语法结构比较简单易学,而且有丰富的开发库支撑,因此未来 Python 的应用前景是非常广阔的。

1.1.1 Python 的发展历程

自 20 世纪 90 年代初 Python 语言诞生至今,它已被广泛应用于系统管理任务的处理和 Web 编程。Python 的创始人为荷兰人 Guido van Rossum。1989 年圣诞节期间,在阿姆斯特丹,Guido 为了打发圣诞节的无趣,决心开发一个新的脚本解释程序,作为 ABC 语言的一种继承。Guido 选中 Python(大蟒蛇的意思)作为该编程语言的名字,其取自英国 20 世纪 70 年代首播的电视喜剧《蒙提·派森的飞行马戏团》(*Monty Python's Flying Circus*)。ABC 是由 Guido 参加设计的一种教学语言,就 Guido 本人看来,ABC 这种语言非常优美和强大,是专门为非专业程序员设计的,但是 ABC 语言并没有成功,究其原因,Guido 认为是 ABC 的非开放性造成的。Guido 决心在 Python 中避免这一错误,同时,他还想实现在 ABC 中闪现过但未曾实现的东西。

就这样,Python 在 Guido 手中诞生了。可以说,Python 是从 ABC 发展起来的,主要受到了 Modula-3(另一种相当优美且强大的语言,是为小型团体设计的)的影响,并且结合了 Unix shell 和 C 的习惯。

Python 目前已经成为最受欢迎的程序设计语言之一。自 2004 年开始,Python 的使用率呈线性增长,Python 2 于 2000 年 10 月 16 日发布,目前稳定版本是 Python 2.7,Python 3 于 2008 年 12 月 3 日发布,不完全兼容 Python 2。2011 年 1 月,Python 被 TIOBE 编程语言排行榜评为 2010 年度语言。

1.1.2 Python 的应用场景

如果你想学习 Python，或者你刚开始学习 Python，那么你可能会问："我能用 Python 做什么？"这个问题其实并不好回答，因为 Python 有很多用途。

大家都知道，当下互联网全栈软件开发工程师的概念很火，而 Python 可以作为一种全栈开发语言，所以如果你能学好 Python 语言，那么前端开发、后端开发、软件测试、大数据分析与挖掘、网络爬虫等工作你都能胜任。综合企业的应用场景，目前 Python 开发主要有以下四大应用：

- 网络爬虫；
- Web 开发；
- 人工智能；
- 自动化运维。

1. 网络爬虫

网络爬虫又称网络蜘蛛，是指按照某种规则在网络上爬取网页所需内容的脚本程序。众所周知，每个网页通常都包含其他网页的入口，网络爬虫则通过一个网址依次进入其他网址获取所需内容。爬虫的作用如下所述。

- 做垂直搜索引擎：Google 和 Baidu 使用 Python 语言作为通用搜索引擎网页收集器。
- 科学研究：在线人类行为、在线社群演化、人类动力学研究、计量社会学、复杂网络、数据挖掘等领域的实证研究都需要大量数据。
- 网络爬虫：Python 语言是收集相关数据的利器。

爬虫是搜索引擎的第一步，也是最容易的一步。用什么语言写爬虫？大家可能熟悉 C、C++，其优点是效率高，快速，适合通用搜索引擎做全网爬取，其缺点是开发慢，代码非常长，如天网搜索引擎的源代码。

脚本语言：Perl、Python、Java、Ruby 等。相对简单、易学，良好的文本处理能方便网页内容的细致提取，但效率往往不高，适合对少量网站的聚焦爬取。

为什么最终选择 Python？其实多种爬虫语言区别不大，原理就是利用好正则表达式。很多爬虫程序都是用 Python 写的，通俗易懂且简单明了。Python 的优势很多，以下为两个要点。

（1）抓取网页本身的接口

相对于其他静态编程语言，如 Java、C♯、C++，Python 抓取网页文档的接口更简洁；相对于其他动态脚本语言，如 Perl、Shell，Python 的 urllib2 包提供了较为完整的访问网页文档的应用程序接口（API）。

此外，抓取网页有时候需要模拟浏览器的行为，很多网站会封杀生硬的爬虫抓取。这时我们需要模拟 user agent 的行为构造合适的请求，如模拟用户登录、模拟 session/cookie 的存储和设置，这些在 Python 语言中有非常优秀的第三方包（如 Requests 和 lxml 等）帮用户完成。

（2）网页抓取后的处理

抓取的网页通常需要处理，如过滤 HTML 标签、提取文本等。Python 语言的 beautifulsoup 提供了简洁的文档处理功能，能用极短的代码完成大部分文档的处理。其实以上功能很多语言和工具都能实现，但是用 Python 语言能够实现得最快、最干净。

2. Web 开发

Web 是一种基于超文本和 HTTP 的、全球性的、动态交互的、跨平台的分布式图形信息系统,是建立在 Internet 上的一种网络服务,为浏览者在 Internet 上查找和浏览信息提供了图形化的、易于访问的直观界面,其中的文档及超级链接将 Internet 上的信息节点组织成一个互相关联的网状结构。

Django 和 Flask 等基于 Python 的 Web 框架在 Web 开发中非常流行,那么使用 Python 开发网站需要用到哪些知识呢?

① Python 基础,包括条件判断、循环、函数、类和对象等面向对象开发知识。

② HTML 和 CSS 的基础知识以及前端开发相关框架。

③ 数据库基础知识,数据库可以作为网站的后台数据存储,加上中间件组合成为综合性的网站服务。

读者掌握上述知识后即可尝试开发一个简单的小站,如果想开发比较大型的、业务逻辑比较复杂的网站,则需要掌握其他的知识,如 Redis 缓存、MQ 中间件等。

3. 人工智能

人工智能(AI,Artificial Intelligence)是研究、开发用于模拟、延伸和扩展人的智能的理论、方法、技术及应用系统的一门新的技术科学。人工智能是计算机科学的一个分支,它企图了解智能的实质,并生产出一种新的能以与人类智能相似的方式做出反应的智能机器,该领域的研究包括机器人、语言识别、图像识别、自然语言处理和专家系统等。人工智能自诞生以来,理论和技术日益成熟,应用领域也不断扩大,可以设想,未来人工智能带来的科技产品将会是人类智慧的"容器",也可能超过人的智能。

对希望加入 AI 和大数据行业的开发人员来说,把鸡蛋放在 Python 这个篮子里不但是安全的,而且是必须的。或者换个方式说,如果将来想在这个行业有所发展,什么都不用想,先把 Python 学会。当然,Python 也存在问题和短处,开发人员可以也应该掌握另外一种甚至几种语言,与 Python 形成搭配,但是 Python 将坐稳数据分析和 AI 第一语言的位置,这一点毫无疑问。笔者认为,由于 Python 将坐稳这个位置,由于这个行业未来需要大批的从业者,更由于 Python 正在迅速成为全球大中小学编程入门课程的首选教学语言,这种开源动态脚本语言非常有机会在不久的将来成为第一种真正意义上的编程世界语。

4. 自动化运维

随着技术的进步以及业务需求的快速增长,一个 IT 运维人员通常要管理成千上万台服务器,IT 运维工作也变得重复繁杂。IT 运维工作自动化能够把 IT 运维人员从服务器的管理中解放出来,让运维工作变得简单、快速、准确。Python 运维自动化中的常用模块包括 pexpect、paramiko、nmap、fabric,如今企业中使用最多的两大 DevOps"神器"——Ansible 和 Saltstack,以及运维开发首选的 Python Web 框架 Django,都是将 Python 语言作为基础底层开发语言的。

1.2　搭建编程环境

在不同的操作系统中,Python 存在细微的差别,因此有几点读者需要牢记在心。本节将介绍大家使用的两个主要的 Python 版本,并简要介绍 Python 的安装步骤。

1.2.1 Python 2 和 Python 3

当前有两个不同的 Python 版本:Python 2 和较新的 Python 3。每种编程语言都会随着新概念和新技术的推出而不断发展,Python 的开发者也一直致力于丰富和强化 Python 的功能。大多数修改是逐步进行的,用户几乎意识不到,但如果用户的系统安装的是 Python 3,那么有些使用 Python 2 编写的代码可能无法正确地运行。在本书中,笔者将指出 Python 2 和 Python 3 的差别,这样用户无论安装的是哪个版本,都能够按本书中的说明去做。

如果系统中安装了两个版本,请使用 Python 3;如果没有安装 Python,请安装 Python 3;如果只安装了 Python 2,也可直接使用 Python 2 来编写代码,但还是尽快升级到 Python 3 为好。

1.2.2 Hello World 程序

长期以来,编程界都认为刚接触一门新语言时,如果首先使用它来编写一个在屏幕上显示消息"Hello World!"的程序,将给用户带来好运。要使用 Python 来编写 Hello World 程序,只需一行代码:

```
>>> print("Hello World!")
```

这种程序虽然简单,却有其用途:如果它能够在用户的系统上正确地运行,那么用户编写的任何 Python 程序都将如此。稍后将介绍如何在特定的系统中编写这样的程序。

1.3 在不同操作系统中搭建 Python 编程环境

Python 是一种跨平台的编程语言,这意味着它能够在所有主要的操作系统中运行。在所有安装了 Python 的现代计算机上,都能够运行任何 Python 程序。然而,在不同的操作系统中,安装 Python 的方法存在细微的差别。

下面将详细介绍如何在各种操作系统中完成这些任务,让读者能够搭建一个对初学者友好的 Python 编程环境。

1.3.1 在 Linux 系统中搭建 Python 编程环境

Linux 系统是为编程而设计的,因此在大多数 Linux 计算机中,都默认安装了 Python。编写和维护 Linux 的人认为,用户很可能会使用这种系统进行编程,他们也鼓励用户这样做。鉴于此,要在 Linux 系统中编程,用户几乎不用安装其他软件,也几乎不用修改设置。

在系统中运行应用程序 Terminal,打开一个终端窗口。为确定是否安装了 Python,执行命令 python(请注意,其中的"p"是小写的)。输出结果如下所示,它指出了安装的 Python 版本,最后的">>>"是一个提示符,让用户能够输入 Python 命令。

```
$ python
Python 2.7.6 (default, Mar 22 2014, 22:59:38)
[GCC 4.8.2] on linux2
Type "help", "copyright", "credits" or "license" for more information.
>>>
```

上述输出结果表明,当前计算机默认使用的 Python 版本为 Python 2.7.6。看到上述输出结果后,如果要退出 Python 并返回终端窗口,可按"Ctrl＋D"键或执行命令 exit()。

要检查系统是否安装了 Python 3,可能需要指定相应的版本。换句话说,如果输出结果指出默认版本为 Python 2.7,请尝试执行命令 python3:

```
$ python3
Python 3.5.0 (default, Sep 17 2015, 13:05:18)
[GCC 4.8.4] on linux
Type "help", "copyright", "credits" or "license" for more information.
>>>
```

上述输出结果表明,系统中也安装了 Python 3,因此用户可以使用这两个版本中的任何一个。在使用 Python 3 的情况下,请将本书中的命令"python"都替换为"python3"。

1.3.2　在 OS X 系统中搭建 Python 编程环境

大多数 OS X 系统都默认安装了 Python。确定安装了 Python 后,用户还需安装一个文本编辑器,并确保其配置正确无误。

在文件夹 Applications/Utilities 中,选择 Terminal,打开一个终端窗口,用户也可以按"Command＋空格"键,再输入"terminal"并按 Enter 键。为确定是否安装了 Python,请执行命令 python(注意,其中的"p"是小写的)。输出结果如下所示,它指出了安装的 Python 版本,最后的">>>"是一个提示符,让用户能够输入 Python 命令。

```
$ python
Python 2.7.5 (default, Mar 9 2014, 22:15:05)
[GCC 4.2.1 Compatible Apple LLVM 5.0 (clang-500.0.68)] on darwin
Type "help", "copyright", "credits" or "license" for more information.
>>>
```

上述输出结果表明,当前计算机默认使用的 Python 版本为 Python 2.7.5。看到上述输出结果后,如果要退出 Python 并返回终端窗口,可按"Ctrl＋D"键或执行命令 exit()。

1.3.3　在 Windows 系统中搭建 Python 编程环境

Windows 系统并非都默认安装了 Python,因此用户可能需要自行下载并安装 Python,再下载并安装一个文本编辑器。

1. 安装 Python

首先,用户需要检查系统中是否安装了 Python。为此,用户可以在"开始"菜单中输入"command"并按 Enter 键以打开一个命令窗口,用户也可按住 Shift 键并右击桌面,再选择"在此处打开命令窗口"。在命令窗口中输入"python"并按 Enter 键,如果出现了 Python 提示符">>>",就说明系统中安装了 Python。

然而用户也可能会看到一条错误消息,指出 python 是无法识别的命令。此时就需要下载 Windows Python 安装程序,下载地址为 http://python.org/downloads/。

下载页面中有两个按钮,分别用于下载 Python 3 和 Python 2。单击用于下载 Python 3

的按钮,会根据用户的系统自动下载正确的安装程序。下载完成后,运行该安装程序,请务必选中复选框"Add Python to PATH",如图 1-1 所示,这能使用户更轻松地配置系统。

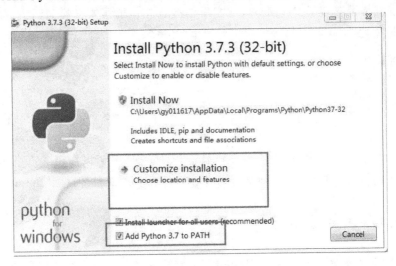

图 1-1　选中复选框"Add Python to PATH"

2. 启动 Python 终端会话

通过配置系统,让其能够在终端会话中运行 Python,可简化文本编辑器的配置工作。打开一个命令窗口,并在其中执行命令 python。如果出现了 Python 提示符">>>",就说明 Windows 找到了刚安装的 Python 版本。

```
C:\> python
Python 3.5.0 (v3.5.0:374f501f4567, Sep 13 2015, 22:15:05) [MSC v.1900 32 bit (Intel)] on win32
Type "help", "copyright", "credits" or "license" for more information.
>>>
```

1.4　从终端运行 Python 程序

用户编写的大多数程序都将直接在文本编辑器中运行,但有时候从终端运行程序很有用。例如,用户可以直接运行既有的程序。

在任何安装了 Python 的系统上都可以这样做,前提是要知道如何进入程序文件所在的目录。为尝试这样做,请读者确保已将文件 hello_world.py 存储在桌面上的 python_work 文件夹中(保存 Python 代码的文件夹,本书中可以将其作为项目的根文件夹)。

1.4.1　在 Linux 和 OS X 系统中从终端运行 Python 程序

在 Linux 和 OS X 系统中,从终端运行 Python 程序的方式相同。在终端会话中,可使用终端命令 cd(change directory,切换目录)在文件系统中导航,可使用命令 ls(list 的简写)显示当前目录中所有未隐藏的文件。

为运行程序 hello_world.py,请打开一个新的终端窗口,并执行下面的命令:

```
~ $ cd Desktop/python_work/
~/Desktop/python_work $ ls
hello_world.py
~/Desktop/python_work $ python hello_world.py
Hello Python World!
```

1.4.2　在 Windows 系统中从终端运行 Python 程序

在命令窗口中,可使用终端命令 cd 在文件系统中导航,可使用命令 dir(directory,目录)列出当前目录中的所有文件。

为运行程序 hello_world.py,请打开一个新的终端窗口,并执行下面的命令:

```
C:\> cd Desktop\python_work
C:\Desktop\python_work> dir
hello_world.py
C:\Desktop\python_work> python hello_world.py
Hello Python world!
```

1.5　使用开发软件部署 Python 环境

子曰:"工欲善其事,必先利其器。"要学习 Python 就需要有编译 Python 程序的软件,一般情况下,我们选择在 Python 官网下载对应版本的 Python,然后用记事本编写,再在终端进行编译运行即可。但是对于项目级的开发,我们可以选择更好的 Python 开发环境——Anaconda 软件。

Anaconda 是一个基于 Python 的数据处理和科学计算平台,它内置了许多非常有用的第三方库。安装 Anaconda 就相当于把 Python 和一些常用的库(如 NumPy、Pandas、SciPy、Matplotlib 等)自动安装好了,比常规的 Python 安装要容易。如果选择安装 Python,那么还需要 pip install 一个一个地安装各种库,安装起来比较烦琐,还需要考虑兼容性。如果非要如此,就要去 Python 官网(https://www.python.org/downloads/windows/)选择对应的版本下载安装,可以选择默认安装或者自定义安装,为了避免配置环境和安装 pip 的麻烦,如前文所述,建议用户勾选添加 PATH 环境变量和安装 pip 选项按钮,使得以后可以不用路径来执行 Python 命令。

1.5.1　Anaconda 的下载和安装

步骤一:进入官网(https://www.anaconda.com/download/#windows)下载对应正确的版本,这里选择的是 Windows 64 bit,如图 1-2 所示。

步骤二:双击下载的 exe 文件进行安装,然后单击"Next",如图 1-3 所示。

步骤三:单击"I Agree",接受安装许可协议,如图 1-4 所示。

图 1-2　选择 Anaconda 的版本

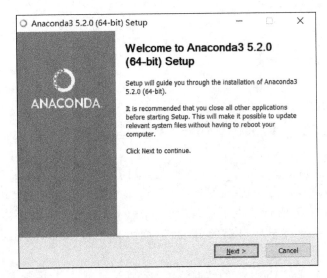

图 1-3　开始安装

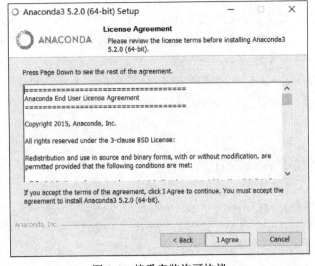

图 1-4　接受安装许可协议

步骤四:选择"Just Me",选择软件的使用账号信息,然后单击"Next",如图 1-5 所示。

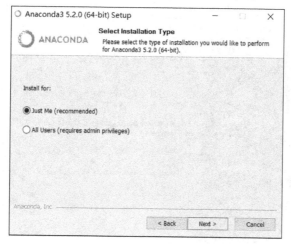

图 1-5　选择软件的使用账号信息

步骤五:选择安装目录,我们一般选择目录 C:\ProgramData\Anaconda3。勾选添加环境变量(添加软件环境变量 PATH),单击"Install"等待完成,如图 1-6 所示。

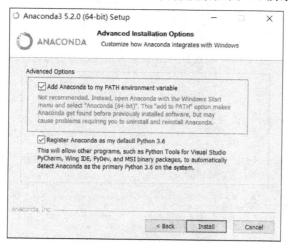

图 1-6　添加环境变量

步骤六:单击"Next",出现图 1-7 所示的界面后,单击"Skip",跳过 Microsoft VSCode。

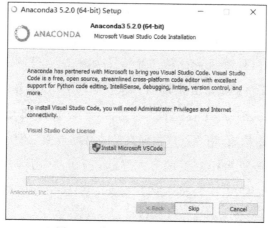

图 1-7　跳过 Microsoft VSCode

步骤七：取消两个勾选框，单击"Finish"，如图 1-8 所示。

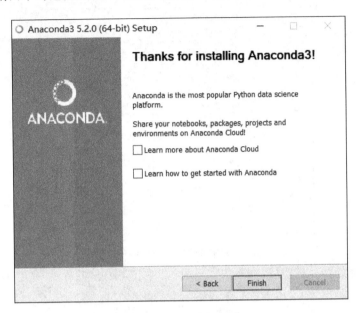

图 1-8　跳过学习选项

步骤八：按"Windows＋R"键，输入"spyder"，如图 1-9 所示，我们可以查看 Spyder 图形开发环境。

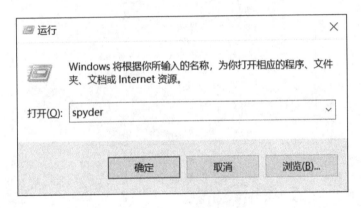

图 1-9　输入"spyder"

步骤九：这时我们可以看到 Spyder 的开发界面，如图 1-10 所示。Spyder 是 Python(x,y) 的作者为它开发的一个简单的集成开发环境。和其他的 Python 开发环境相比，Spyder 最大的优点就是模仿 MATLAB 的"工作空间"的功能，可以很方便地观察和修改数组的值。Spyder 的界面由许多窗格构成，用户可以根据自己的喜好调整它们的位置和大小。当多个窗格出现在一个区域时，将使用标签页的形式显示，例如，在图 1-10 中，可以看到"Editor" "Object""Variable explorer""File explorer""Console""History log"以及两个显示图像的窗格。在 View 菜单中可以设置是否显示这些窗格。

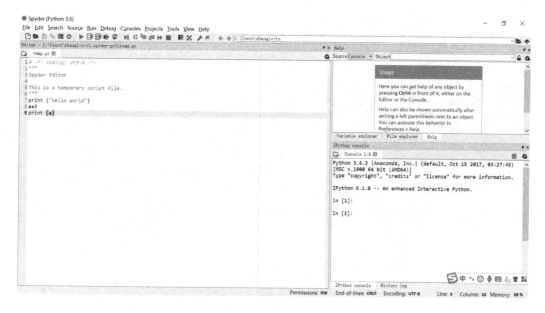

图 1-10 Spyder 的开发界面

1.5.2 PyCharm 的下载安装及配置

步骤一：进入官网(http://www.jetbrains.com/pycharm/download/♯section＝windows)下载对应正确的版本，这里选择社区版(专业版是收费的，社区版是免费的)，如图 1-11 所示。

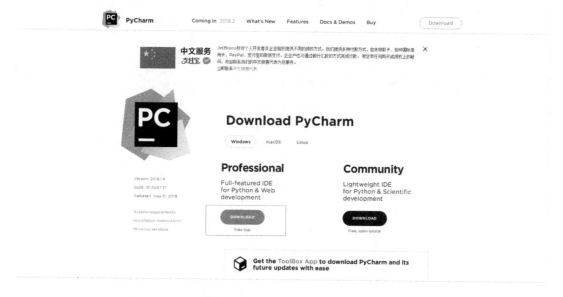

图 1-11 选择 PyCharm 的版本

步骤二：双击下载的 exe 文件进行安装，可以直接单击"Next"，也可以单击"Browse…"选择安装路径，切换好安装路径后再单击"Next"，如图 1-12 所示。

步骤三：然后选中图 1-13 中框选的内容(32 位计算机就勾选第一个选项)，单击"Next"，再单击"Install"等待安装完成。

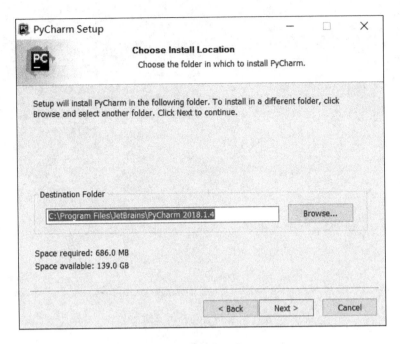

图 1-12　PyCharm 安装路径的选择

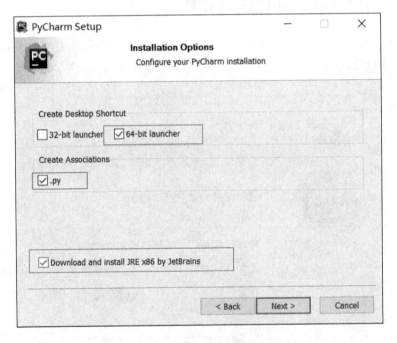

图 1-13　PyCharm 勾选开发环境

步骤四：安装完成后，勾选"Run PyCharm"，单击"Finish"，如图 1-14 所示。安装过程中，选择"Create Desktop Shortcut"创建桌面图标，勾选"Create Associations"设置关联文件。如果不需要 Java 开发环境，则不用勾选"Download and install JRE x86 by JetBrains"选项。

步骤五：这时会提示安装结束，并要选择是否需要其他项目的 PyCharm 设置，我们一般选择不导入，如图 1-15 所示。

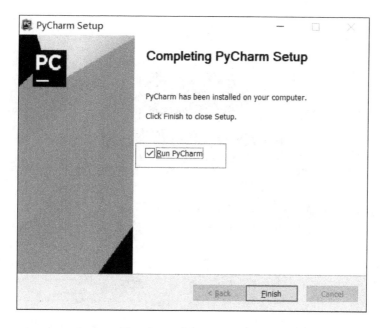

图 1-14 开启 PyCharm 软件

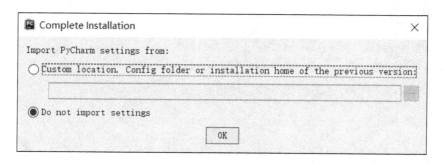

图 1-15 不导入其他 PyCharm 设置

1.6 本 章 小 结

通过对本章的学习,读者可以大致了解 Python 开发语言,并在自己的系统中安装 Python,同时安装 Anaconda 和 PyCharm 开发环境编辑器,以简化 Python 代码的编写工作, 读者还可以大致了解安装和测试过程,以及如何解决安装过程中出现的问题。此外,读者可以 学习如何在终端会话中运行 Python 代码片段,并运行测试程序——hello_world.py。

1.7 本 章 作 业

1. 下载 Anaconda 安装程序并安装。
2. 下载 PyCharm 安装程序并安装。

第 2 章
Python 程序基础

2.1 变　　量

下面尝试在 hello_world. py 中使用一个变量。在这个文件的开头添加一行代码，并对第 2 行代码进行修改，如下所示：

```
>>> message = "Hello Python World!"
>>> print(message)
```

运行这个程序，可以发现输出结果与以前相同：

```
Hello Python World!
```

我们添加了一个名为 message 的变量，每个变量都存储了一个值——与变量相关联的信息。变量 message 存储的值为文本"Hello Python World!"。

添加变量导致 Python 解释器需要做更多的工作。处理第 1 行代码时，它将文本"Hello Python World!"与变量 message 关联起来；而处理第 2 行代码时，它将与变量 message 关联的值打印到屏幕上。

下面我们来进一步扩展这个程序：修改 hello_world. py，使其再打印一条消息。为此，在 hello_world. py 中添加一个空行，再添加两行代码，如下所示：

```
>>> message = "Hello Python World!"
>>> print(message)
>>> message = "Hello Python Crash Course World!"
>>> print(message)
```

如果运行上述程序，将看到两行输出：

```
Hello Python World!
Hello Python Crash Course World!
```

在程序中可随时修改变量的值，而 Python 将始终记录变量的最新值。

2.1.1　变量的命名和使用

在 Python 中使用变量时，需要遵守一些规则，违反这些规则将引发错误，而规则旨在让用户编写的代码更容易阅读和理解。请务必牢记下述有关变量的规则。

- 变量名只能包含字母、数字和下划线。变量名可以字母或下划线打头，但不可以数字打头。例如，可将变量命名为 message_1，但不能将其命名为 1_message。
- 变量名不能包含空格，但可使用下划线来分隔其中的单词。例如，变量名 greeting_message 可行，但变量名 greeting message 会引发错误。
- 不要将 Python 关键字和函数名用作变量名，即不要使用 Python 保留用于特殊用途的单词，如 print。
- 变量名应既简短又具有描述性。例如，name 比 n 好，student_name 比 s_n 好，name_length 比 length_of_persons_name 好。
- 慎用小写字母 l 和大写字母 O，因为它们可能被人错看成数字 1 和 0。

2.1.2　使用变量时避免命名错误

程序员都会犯错，而且大多数程序员每天都会犯错。虽然优秀的程序员也会犯错，但他们知道如何高效地消除错误。下面来看一种可能会犯的错误，并学习如何消除它。我们将有意地编写一些引发错误的代码。请输入下面的代码，包括其中以粗体显示但拼写不正确的单词 mesage：

```
>>> message = "Hello Python Crash Course Reader!"
>>> print(mesage)
```

程序存在错误时，Python 解释器将竭尽所能地找出问题所在。程序无法成功地运行时，解释器会提供一个 Traceback。Traceback 是一条记录，它指出了解释器尝试运行代码时在什么地方陷入了困境。以下是错误地拼写了变量名时，Python 解释器提供的 Traceback：

```
Traceback (most recent call last):
File "hello_world.py", line 2, in <module>
print(mesage)
NameError: name 'mesage' is not defined
```

解释器指出，文件 hello_world.py 的第 2 行存在错误，它列出了这行代码，旨在帮助用户快速找出错误，它还指出了发现的是什么样的错误。在这里，解释器发现了一个名称错误，并指出打印的变量 mesage 未定义：Python 无法识别用户提供的变量名。名称错误通常意味着两种情况：要么是使用变量前忘记了给它赋值，要么是输入变量名时拼写不正确。

2.2　字　符　串

字符串就是一系列字符的组合。在 Python 中，用引号引起来的都是字符串，其中的引号

可以是单引号,也可以是双引号,单引号和双引号在 Python 中没有显著的区别,主要在引号嵌套时进行区分,如下所示:

```
"This is a string."
'This is also a string.'
```

2.2.1 修改字符串的大小写

对于字符串,可执行的最简单的操作之一是修改其中单词的大小写。请看下面的代码,并尝试判断其作用:

```
>>> name = "john smith"
>>> print(name.title())
```

将上述代码保存为文件 name.py,再运行它,将看到如下输出结果:

```
>>> John Smith
```

在这个示例中,小写的字符串"john smith"存储在变量 name 中。在 print()语句中,方法 title()出现在这个变量的后面(方法是 Python 可对数据执行的操作)。在 name.title()中,name 后面的点(.)让 Python 对变量 name 执行方法 title()指定的操作。每个方法后面都跟着一对括号,这是因为方法通常需要额外的信息来完成其工作,这种信息是在括号内提供的。方法 title()不需要额外的信息,因此它后面的括号内是空的。

2.2.2 合并(拼接)字符串

在很多情况下,都需要合并字符串。例如,用户可能想将姓和名存储在不同的变量中,等要显示姓名时再将它们合而为一:

```
>>> first_name = "John"
>>> last_name = "Smith"
>>> full_name = first_name + " " + last_name
>>> print(full_name)
```

Python 使用"+"来合并字符串。在这个示例中,我们使用"+"来合并 first_name、空格和 last_name,以得到完整的姓名,其结果如下所示:

```
John Smith
```

这种合并字符串的方法称为拼接。通过拼接,可使用存储在变量中的信息来创建完整的消息。

2.2.3 Python 2 中的 print 语句

在 Python 2 中,print 语句的语法稍有不同:

```
> python2.7
>>> print "Hello Python 2.7 world!"
Hello Python 2.7 world!
```

在 Python 2 中,无须将要打印的内容放在括号内。从技术上说,Python 3 中的 print 是一个函数,因此括号必不可少。有些 Python 2 中的 print 语句也包含括号,但其行为与 Python 3 中的稍有不同。简单地说,在 Python 2 代码中,有些 print 语句包含括号,有些不包含。

2.3 数　字

在实际编程过程中,经常使用数字来记录游戏得分、表示可视化数据、存储 Web 应用信息等。Python 根据数字的用法以不同的方式处理它们。Python 中的数据类型用于存储数值。数据类型是不允许改变的,这就意味着如果改变数字的数据类型,将重新分配内存空间。Python 支持 3 种不同的数据类型:

- 整型(int):通常被称为整型或整数,是正或负整数。Python 3 中整型是没有限制大小的,可以当作 long 类型使用,所以 Python 3 中没有 Python 2 中的 long 类型。
- 浮点型(float):浮点型由整数部分与小数部分构成,浮点型也可以使用科学计数法表示($2.5e2 = 2.5 \times 10^2 = 250$)。
- 复数(complex):复数由实数部分和虚数部分构成,可以用 $a+bj$ 或者 complex(a,b) 表示,复数的实部 a 和虚部 b 都是浮点型。

2.3.1　整数

Python 解释器可以作为一个简单的计算器,用户可以在解释器里输入一个表达式,它将输出表达式的值。在 Python 中,可对整数执行加(+)减(-)乘(*)除(/)运算,如下所示:

```
>>> 2 + 3
5
>>> 3 - 2
1
>>> 2 * 3
6
>>> 3 / 2
1.5
```

在终端会话中,Python 直接返回运算结果。Python 中使用两个乘号表示乘方运算:

```
>>> 3 ** 2
9
>>> 3 ** 3
27
>>> 10 ** 6
1000000
```

Python 还支持运算次序,因此用户可在同一个表达式中使用多种运算。用户还可以使用括号来修改运算次序,让 Python 按指定的次序执行运算,如下所示:

```
>>> 2 + 3 * 4
14
>>> (2 + 3) * 4
20
```

在这些示例中,空格不影响 Python 计算表达式的方式,空格的存在旨在让读者阅读代码时能迅速确定先执行哪些运算。

2.3.2　浮点数

Python 将带小数点的数字都称为浮点数。大多数编程语言都使用了这个术语,它指出了这样一个事实:小数点可出现在数字的任何位置。每种编程语言都须细心设计,以妥善地处理浮点数,确保不管小数点出现在什么位置,数字的行为都是正常的。

从很大程度上说,使用浮点数时都无须考虑其行为。用户只需要输入要使用的数字,Python 通常会按用户期望的方式处理它们:

```
>>> 0.1 + 0.1
0.2
>>> 0.2 + 0.2
0.4
>>> 2 * 0.1
0.2
>>> 2 * 0.2
0.4
```

但需要注意的是,结果包含的小数位数可能是不确定的:

```
>>> 0.2 + 0.1
0.30000000000000004
>>> 3 * 0.1
0.30000000000000004
```

所有语言都存在这种问题,无须担心,Python 会尽力找到一种方式,尽可能精确地表示结果,但鉴于计算机内部表示数字的方式,这在有些情况下很难实现。就现在而言,暂时忽略多余的小数位数即可。

2.3.3　复数

Python 中复数由一个实数和一个虚数组合而成,表示为 $x+y$j。一个复数是一对有序浮点数(x,y),其中 x 是实数部分,y 是虚数部分。多数人认为支持复数是为了更大程度地推广 Python,让 Python 在更多的领域中能够有所展示。这一点由 Python 的科学计算可以证明。

复数具有如下特点:

· 虚数不能单独存在,它们总是和一个值为 0.0 的实数部分一起构成一个复数;

- 复数由实数部分和虚数部分构成；
- 表示复数的语法为 real＋imagej；
- 实数部分和虚数部分都是浮点数；
- 虚数部分必须有后缀 j 或 J。

2.4 列　　表

列表由一系列按特定顺序排列的元素组成。用户可以创建包含字母表中所有字母、数字 0～9 或所有家庭成员姓名的列表，也可以将任何东西加入列表中，其中的元素之间可以没有任何关系。鉴于列表通常包含多个元素，给列表指定一个表示复数的名称（如 letters、digits 或 names）是个不错的主意。在 Python 中，用方括号（[]）来表示列表，并用逗号来分隔其中的元素。以下是一个简单的列表示例，这个列表包含几个列表元素：

```
>>> internets = ['Google', 'Baidu', 'Facebook', 'Tencent']
>>> print(internets)
```

如果让 Python 将列表打印出来，Python 将打印列表的内部表示（包括方括号）：

```
['Google', 'Baidu', 'Facebook', 'Tencent']
```

鉴于这不是用户希望看到的输出，下面来学习如何访问列表元素。

2.4.1　访问列表元素

列表是有序集合，因此要访问列表的任何元素，只需将该元素的位置或索引告诉 Python。要访问列表元素，可指出列表的名称，再指出元素的索引，并将其放在方括号内。例如，从列表 internets 中提取第一个元素：

```
>>> internets = ['Google', 'Baidu', 'Facebook', 'Tencent']
>>> print(internets[0])
```

这样 Python 会从列表中取出第一个元素，输出结果如下：

```
Google
```

2.4.2　列表索引

在 Python 中，第一个列表元素的索引为 0，而不是 1。在大多数编程语言中都是如此，这与列表操作的底层实现相关。如果结果出乎意料，请检查是否犯了简单的索引错误。

第二个列表元素的索引为 1，依次类推。根据这种简单的计数方式，要访问列表的任何元素，都可将其位置减 1 并将结果作为索引。例如，要访问第四个列表元素，可使用索引 3。下面的代码用于访问索引 1 和 3 处的元素：

```
>>> internets = ['Google','Baidu','Facebook','Tencent']
>>> print(internets[1])
>>> print(internets[3])
```

将返回列表中的第二个和第四个元素,输出结果如下:

```
Baidu
Tencent
```

Python 为访问最后一个列表元素提供了一种特殊语法。将索引指定为-1 可让 Python 返回最后一个列表元素:

```
>>> internets = ['Google','Baidu','Facebook','Tencent']
>>> print(internets[-1])
```

将返回列表中的最后一个元素,输出结果如下:

```
Tencent
```

2.4.3 修改、添加和删除元素

1. 修改元素

用户创建的大多数列表都将是动态的,这意味着列表创建后将随着程序的运行增删元素。修改列表元素的语法与访问列表元素的语法类似。要修改列表元素,可指定列表名和需要修改的元素的索引,再指定该元素的新值。例如,假设有一个摩托车列表,其中的第一个元素为'honda',如何修改它的值呢?

motorcycles.py 文件的内容如下:

```
>>> motorcycles = ['honda','yamaha','suzuki']
>>> print(motorcycles)
>>> motorcycles[0] = 'ducati'
>>> print(motorcycles)
```

首先定义一个摩托车列表,其中的第一个元素为'honda'。接下来,将第一个元素的值改为'ducati'。以下输出结果表明,第一个元素的值确实变了,且其他列表元素的值没变:

```
['honda','yamaha','suzuki']
['ducati','yamaha','suzuki']
```

用户可以修改任何列表元素的值,而不仅仅是第一个元素的值。

2. 添加元素

(1) 在列表末尾添加元素

在列表中添加新元素时,最简单的方式是将元素添加到列表末尾。给列表附加元素时,该元素将添加到列表末尾。继续使用前一个示例中的列表,在其末尾添加新元素'ducati':

```
>>> motorcycles.append('ducati')
>>> print(motorcycles)
```

方法 append()将元素'ducati'添加到了列表末尾,而不影响列表中的其他所有元素:

```
['honda','yamaha','suzuki','ducati']
```

（2）在列表中插入元素

使用方法 insert()可在列表的任何位置添加新元素。为此,用户需要指定新元素的索引和值。

```
>>> motorcycles = ['honda','yamaha','suzuki']
>>> motorcycles.insert(0,'ducati')
>>> print(motorcycles)
```

在这个示例中,元素'ducati'被插入列表开头,方法 insert()在索引 0 处添加空间,并将元素'ducati'存储到这个地方。这种操作使得列表中既有的每个元素都右移一个位置:

```
['ducati','honda','yamaha','suzuki']
```

3. 删除元素

Python 中关于删除列表中的某个元素,一般有 3 种方法:del、pop、remove。

（1）使用 del 语句删除元素

如果知道要删除的元素在列表中的位置,可使用 del 语句:

```
>>> motorcycles = ['honda','yamaha','suzuki']
>>> print(motorcycles)
>>> del motorcycles[0]
>>> print(motorcycles)
```

以上代码使用 del 删除了列表 motorcycles 中的第一个元素——'honda',输出结果如下:

```
['honda','yamaha','suzuki']
['yamaha','suzuki']
```

（2）使用方法 pop()删除元素

方法 pop()可删除列表末尾的元素,并让用户能够继续使用该元素。术语 pop(弹出)源自这样的类比:列表就像一个堆栈,而删除列表末尾的元素相当于弹出栈顶元素。下面从列表 motorcycles 中弹出一款摩托车:

```
>>> motorcycles = ['honda','yamaha','suzuki']
>>> print(motorcycles)
>>> popped_motorcycle = motorcycles.pop()
>>> print(motorcycles)
>>> print(popped_motorcycle)
```

以下输出结果表明,列表末尾的元素'suzuki'已被删除,它现在存储在变量 popped_motorcycle 中:

```
['honda','yamaha','suzuki']
['honda','yamaha']
suzuki
```

（3）根据值删除元素

有时候,用户不知道要从列表中删除的元素所处的位置。如果用户只知道要删除的元素

的值,可使用方法 remove()。例如,假设要从列表 motorcycles 中删除元素' ducati ':

```
>>> motorcycles = ['honda','yamaha','suzuki','ducati']
>>> print(motorcycles)
>>> motorcycles.remove('ducati')
>>> print(motorcycles)
```

以上代码让 Python 确定' ducati '出现在列表的什么地方,并将该元素删除,输出结果如下:

```
['honda','yamaha','suzuki','ducati']
['honda','yamaha','suzuki']
```

2.4.4 列表排序

1. sort()方法

Python 中的 sort()方法使用户能够较为轻松地对列表进行排序。假设有一个汽车列表,并要让其中的汽车按首字母顺序排列。为简化这项任务,我们假设该列表中的所有值都是小写的。cars. py 实例:

```
>>> cars = ['bmw','audi','toyota','subaru']
>>> cars.sort()
>>> print(cars)
```

sort()方法永久性地修改了列表元素的排列顺序。现在,汽车是按首字母顺序排列的,再也无法恢复到原来的排列顺序:

```
['audi','bmw','subaru','toyota']
```

用户还可以按与首字母顺序相反的顺序来排列列表元素,为此,只需向 sort()方法传递参数 reverse=True。下面的代码将汽车列表按与首字母顺序相反的顺序排列:

```
>>> cars = ['bmw','audi','toyota','subaru']
>>> cars.sort(reverse = True)
>>> print(cars)
```

同样地,对列表元素排列顺序的修改是永久性的,输出结果如下:

```
['toyota','subaru','bmw','audi']
```

2. sorted()方法

要保留列表元素原来的排列顺序,同时以特定的顺序呈现它们,可使用 sorted()方法。sorted()方法让用户能够按特定顺序显示列表元素,同时不影响它们在列表中的原始排列顺序。

下面尝试对汽车列表调用这个函数,我们还是使用前文中使用的 cars. py 实例。

```
>>> cars = ['bmw','audi','toyota','subaru']
>>> print("Here is the original list:")
>>> print(cars)
>>> print("\nHere is the sorted list:")
>>> print(sorted(cars))
>>> print("\nHere is the original list again:")
>>> print(cars)
```

首先按原始顺序打印列表,再按首字母顺序显示该列表。以特定顺序显示该列表后,我们再进行核实,确认列表元素的排列顺序与以前相同,输出结果如下:

```
Here is the original list:
['bmw','audi','toyota','subaru']
Here is the sorted list:
['audi','bmw','subaru','toyota']
Here is the original list again:
['bmw','audi','toyota','subaru']
```

3. 逆序列表

要反转列表元素的排列顺序,可使用 reverse()方法。假设汽车列表是按购买时间排列的,可轻松地按相反的顺序排列其中的汽车:

```
>>> cars = ['bmw','audi','toyota','subaru']
>>> print(cars)
>>> cars.reverse()
>>> print(cars)
```

注意,reverse()不是按与首字母顺序相反的顺序排列列表元素,而只是反转列表元素的排列顺序,输出结果如下:

```
['bmw','audi','toyota','subaru']
['subaru','toyota','audi','bmw']
```

reverse()方法永久性地修改列表元素的排列顺序,但可随时恢复到原来的排列顺序,只需对列表再次调用 reverse()方法即可。

2.4.5 列表切片

要创建列表切片,可指定要使用的第一个元素和最后一个元素的索引。与函数 range()一样,Python 在到达用户指定的第二个索引前面的元素后停止。例如,要输出列表中的前三个元素,需要指定索引 0~3,将输出索引分别为 0、1 和 2 的元素。下面我们通过获取一个成员列表中指定元素的实例来说明如何使用。

1. 切片实例

groups.py 实例:

```
#组成员列表
>>> groups = ['bmw','audi','toyota','subaru','bentley']
>>> print(groups[0:3])
```

在上述代码中,要特别注意的是 groups[0:3]的写法,其中"0:3"代表着从列表第一个元素开始,到第三个元素终止。上述代码打印的也是一个列表,该列表是 groups 列表的子集,输出结果如下:

```
['bmw', 'audi', 'toyota']
```

当然,用户可以指定任意范围的元素索引来提取想要的信息。如果没有指定第一个索引位置,会发生什么情况呢?

```
>>> print(groups[:3])
```

以上 Python 代码的输出结果如下:

```
['bmw', 'audi', 'toyota']
```

要注意的是,如果没有指定第一个索引,Python 会默认从索引 0 开始处理列表,而如果没有指定最后一个索引,Python 会从列表末尾终止。

```
>>> print(groups[0:])
```

上述代码的输出结果如下:

```
['bmw', 'audi', 'toyota', 'subaru', 'bentley']
```

如果指定的列表索引超出了界限,Python 会如何处理呢? 假设有如下代码:

```
>>> print(groups[0:10])
```

此时 Python 不会提示列表越界,Python 会正常地打印整个列表并没有提示有任何的错误,输出结果如下:

```
['bmw', 'audi', 'toyota', 'subaru', 'bentley']
```

下面的代码是从 groups 列表的倒数第三个元素开始至列表末尾结束。读者只要记住:负数索引返回的是距列表末尾相应距离的元素。

```
>>> print(groups[-3:])
```

输出结果如下:

```
['toyota', 'subaru', 'bentley']
```

至于如何遍历切片结果,可以参考 Python 语言中 for 循环的使用,下面给出一个简单的例子,代码如下:

```
>>> groups = ['bmw', 'audi', 'toyota', 'subaru', 'bentley']
>>> for member in groups[0:3]:
    print("current member is:" + member)
```

输出结果如下:

```
current member is: bmw
current member is: audi
current member is: toyota
```

2. 列表切片与列表复制的区别

在很多情况下，在程序中需要对列表进行复制然后创建一个全新的列表。大家可能第一时间想到的是下面这种写法：

```
>>> groups = ['bmw','audi','toyota','subaru','bentley']
>>> new_groups = groups
>>> print("groups:")
>>> print(groups)
>>> print("new groups:")
>>> print(new_groups)
```

两者的输出结果是相同的：

```
groups:
['bmw','audi','toyota','subaru','bentley']
new groups:
['bmw','audi','toyota','subaru','bentley']
```

如果突然对 new_groups 列表新增一个成员，两者的输出结果还会一致吗？

```
>>> new_groups.append("Hyundai");
```

现在，元素'Hyundai'加入了 new_groups 列表，那么原来的列表中是否有'Hyundai'？我们再次打印这两个列表，输出结果如下：

```
groups:
['bmw','audi','toyota','subaru','bentley','Hyundai']
new groups:
['bmw','audi','toyota','subaru','bentley','Hyundai']
```

可以发现，两个列表中都有元素'Hyundai'。明明只对新的列表增加了一个元素，为什么会对原来的列表产生影响呢？在 Python 中，这种赋值语法其实将变量 groups 和 new_groups 关联在了一起，两者指向同一个列表。列表切片则可以避免这个问题，通过切片产生了一个新的列表，这就相当于重新创建了一个列表，这样两个列表就没有了关联，自然不会产生影响。

```
>>> groups = ['bmw','audi','toyota','subaru','bentley']
>>> new_groups = groups[:]
>>> new_groups.append("Hyundai")
>>> print("groups:")
>>> print(groups)
>>> print("new groups:")
>>> print(new_groups)
```

输出结果如下：

```
groups:
['bmw','audi','toyota','subaru','bentley']
new groups:
['bmw','audi','toyota','subaru','bentley','Hyundai']
```

2.4.6 列表复制

程序中经常需要根据既有列表创建全新的列表。下面将介绍复制列表的工作原理,以及复制列表可提供极大帮助的一种情形。要复制列表,可创建一个包含整个列表的切片,方法是同时省略起始索引和终止索引([:]),让 Python 创建一个始于第一个元素,终止于最后一个元素的切片,即复制整个列表。

1. 非复制但内容一致的情况

首先生成列表 list1,list2,查看其中的内容,对两个列表的内容和内存 ID 做比较:

```
list1 = list(range(5))
list2 = list(range(5))
print(list1)
print(list2)
print(list1 = = list2)
print("list1 ID:",id(list1))
print("list2 ID:",id(list2))
```

输出结果如下:

```
[0, 1, 2, 3, 4]
[0, 1, 2, 3, 4]
True
list1 ID: 2402197214728
list2 ID: 2402197214856
```

由以上输出结果可见,两个列表只是都迭代了 range(5),内容一致,但内存 ID 不同,两者相互独立。

2. 列表赋值复制

生成列表 list1,将 list3 赋值等于 list1,对两个列表的内容和内存 ID 做比较:

```
list1 = list(range(5))
list3 = list1
list3[1] = 8
print(list3)
print(list1)
print("list3 ID:",id(list3))
print("list1 ID:",id(list1))
```

输出结果如下:

```
[0, 8, 2, 3, 4]
[0, 8, 2, 3, 4]
list3 ID: 2439749211784
list1 ID: 2439749211784
```

由以上输出结果可见,将 list3 赋值等于 list1 后,当对任意一个列表进行修改时,另外一个列表同时被修改,原因是两个列表所调用的内存 ID 相同,两个入口同时指向同一内存 ID,

与 Linux 文件系统的硬链接相似。

3. for 循环迭代追加复制

生成空列表 list4,将 list2 中的内容使用 for 循环迭代追加至 list4,对两个列表的内容和内存 ID 做比较:

```
list2 = list(range(5))
list4 = []
for _ in list2:
    list4.append(_)
print(list2)
print(list4)
print(list2 = = list4)
print("list2 ID:",id(list2))
print("list4 ID:",id(list4))
```

输出结果如下:

```
[0, 1, 2, 3, 4]
[0, 1, 2, 3, 4]
True
list2 ID: 1698948945544
list4 ID: 1698948944392
```

由以上输出结果可见,for 循环迭代复制得到的 list4 和 list2 内容一致,但内存 ID 不同,list4 只是复制了 list2 中的内容,但两者相互独立。

4. 列表的浅复制(shadow copy)

将列表 list6 对 list5 进行浅复制,对两个列表的内容和内存 ID 做比较:

```
list5 = [1,2,"software",[5,6]]
list6 = list5.copy()
print(list5)
print(list6)
print(list5 = = list6)
print("list5 ID:",id(list5))
print("list6 ID:",id(list6))
list5[3][0] = 'mytest'
print(list5)
print(list6)
print(id(list5[-1]))
print(id(list6[-1]))
```

输出结果如下:

```
[1, 2, 'software', [5, 6]]
[1, 2, 'software', [5, 6]]
True
```

```
list5 ID: 3016971798152
list6 ID: 3016972669320
[1, 2, 'software', ['mytest', 6]]
[1, 2, 'software', ['mytest', 6]]
3016972669448
3016972669448
```

由以上输出结果可见,list6 对 list5 进行浅复制后,两个列表内容一致,内存 ID 不相同。但当对 list5 中的引用类型进行修改后,list6 中的也被修改了,原因是进行浅复制操作后,list6 和 list5 的引用类型内存 ID 一样。

5. 列表的深复制

将列表 list8 对 list7 进行深复制,需要 import copy 模块,对内容和内存 ID 做比较:

```python
import copy
list7 = [1,2,"software",[5,6]]
list8 = copy.deepcopy(list7)
print(list7)
print(list8)
print(list7 = = list8)
print("list7 ID:",id(list7))
print("list8 ID:",id(list8))
list7[3][0] = 'mytest'
print(list7)
print(list8)
print(id(list7[-1]))
print(id(list8[-1]))
```

输出结果如下:

```
[1, 2, 'software', [5, 6]]
[1, 2, 'software', [5, 6]]
True
list7 ID: 1797818246088
list8 ID: 1797818247368
[1, 2, 'software', ['mytest', 6]]
[1, 2, 'software', [5, 6]]
1797818245896
1797818247304
```

由以上输出结果可见,list8 对 list7 进行深复制后,两个列表内容一致,内存 ID 不相同。当对 list7 中的引用类型进行修改后,list8 并没有被修改,list7 和 list8 的引用类型内存 ID 不一样。list7 和 list8 内容一致,但相互独立。如果想让复制得到的列表与原列表真正地完全不同,就需要用到深复制。

2.5 元 组

列表非常适用于存储在程序运行期间可能变化的数据集。列表是可以修改的,这对处理网站的用户列表或游戏中的角色列表至关重要。然而,有时候用户需要创建一系列不可修改的元素,元组可以满足这种需求。Python 将不能修改的值称为不可变的,而不可变的列表被称为元组。

2.5.1 定义元组

元组看起来犹如列表,一般认为元组就是只读列表,但元组使用圆括号而不是方括号来标识。定义元组后,就可以使用索引来访问其元素,如同访问列表元素一样。例如,有一个大小不应改变的矩形,可将其长度和宽度存储在一个元组中,从而确保它们是不能被修改的。dimensions.py 文件的内容如下:

```
dimensions = (200, 50)
print(dimensions[0])
print(dimensions[1])
```

以上代码首先定义了元组 dimensions,为此使用的是圆括号而不是方括号。接下来,分别打印该元组的各个元素,使用的语法与访问列表元素时使用的语法相同,输出结果如下:

```
200
50
```

下面将尝试修改元组 dimensions 中的一个元素:

```
dimensions = (200, 50)
dimensions[0] = 250
```

以上代码试图修改第一个元素的值,这会导致 Python 返回类型错误消息。由于修改元组的操作是被禁止的,因此 Python 会指出不能给元组的元素赋值:

```
Traceback (most recent call last):
File "dimensions.py", line 3, in <module>
dimensions[0] = 250
TypeError: 'tuple' object does not support item assignment
```

代码试图修改矩形的尺寸时,Python 报告错误,这正是我们所希望的。

2.5.2 修改元组变量

虽然不能修改元组的元素,但可以给存储元组的变量赋值。因此,如果要修改前述矩形的尺寸,可重新定义整个元组:

```
dimensions = (200, 50)
print("Original dimensions:")
for dimension in dimensions:
    print(dimension)
dimensions = (400, 100)
print("\nModified dimensions:")
for dimension in dimensions:
    print(dimension)
```

以上代码首先定义了一个元组,并将其存储的尺寸打印了出来,然后将一个新元组存储到变量 dimensions 中,并打印新的尺寸。在这次操作中,Python 不会报告任何错误,因为给元组变量赋值是合法的,输出结果如下:

```
Original dimensions:
200
50
Modified dimensions:
400
100
```

相比于列表,元组是更简单的数据结构。如果需要存储的一组值在程序的整个生命周期内都不变,可使用元组。

2.6 字　　典

字典也是 Python 提供的一种常用的数据结构,它用于存放具有映射关系的数据。例如,有份成绩表数据,语文:79,数学:80,英语:92。这组数据看上去是两个列表,但这两个列表的元素之间有一定的关系,如果单纯使用两个列表来保存这组数据,则无法记录两个列表之间的关系。

为了保存具有映射关系的数据,Python 提供了字典数据类型,字典相当于保存了两组数据,其中一组数据是关键数据,被称为 key,另一组数据可通过 key 来访问,被称为 value。由于字典中的 key 是非常关键的数据,而且程序需要通过 key 来访问 value,因此字典中的 key 不允许重复。程序既可以使用花括号语法来创建字典,也可以使用 dict() 函数来创建字典。实际上,dict 是一种类型,它就是 Python 中的字典类型。

2.6.1 字典的创建

在使用花括号语法创建字典时,花括号中应包含多个 key-value 对,key 与 value 之间用英文冒号隔开,多个 key-value 对之间用英文逗号隔开。以下代码(scores. py)示范了使用花括号语法创建字典:

```
scores = {'语文': 89, '数学': 92, '英语': 93}
print(scores)
# 空的花括号代表空的 dict
empty_dict = {}
print(empty_dict)
# 使用元组作为 dict 的 key
dict2 = {(20, 30):'good', 30:'bad'}
print(dict2)
```

以上程序中的第 1 行代码创建了一个简单的 dict,该 dict 的 key 是字符串,value 是整数;第 4 行代码使用花括号创建了一个空的字典;第 7 行代码创建的字典中第一个 key 是元组,第二个 key 是整数,这都是合法的。需要指出的是,元组可以作为 dict 的 key,但列表不能作为 dict 的 key。这是由于 dict 要求 key 必须是不可变类型,但列表是可变类型,因此列表不能作为 dict 的 key。

在使用 dict()函数创建字典时,可以传入多个列表或元组参数作为 key-value 对,每个列表或元组将被当成一个 key-value 对,因此这些列表或元组都只能包含两个元素,如下所示(vegetables.py):

```
vegetables = [('celery', 1.58), ('brocoli', 1.29), ('lettuce', 2.19)]
# 创建包含 3 组 key-value 对的字典
dict3 = dict(vegetables)
print(dict3)
```

输出结果如下:

```
{'celery': 1.58, 'brocoli': 1.29, 'lettuce': 2.19}
```

接下来使用列表类型数据来创建字典,参考代码如下:

```
cars = [['BMW', 8.5], ['BENS', 8.3], ['AUDI', 7.9]]
# 创建包含 3 组 key-value 对的字典
dict4 = dict(cars)
print(dict4) # {'BMW': 8.5, 'BENS': 8.3, 'AUDI': 7.9}
```

如果不为 dict()函数传入任何参数,则代表创建一个空的字典:

```
# 创建空的字典
dict5 = dict()
print(dict5)
```

输出结果是个空列表,如下:

```
{}
```

还可通过为 dict()指定关键字参数创建字典,此时字典的 key 不允许使用表达式,如下:

```
# 使用关键字参数来创建字典
dict6 = dict(spinach = 1.39, cabbage = 2.59)
print(dict6)
```

输出结果如下:

```
{'spinach': 1.39, 'cabbage': 2.59}
```

上面加粗的代码在创建字典时，其 key 直接写 spinach、cabbage，不需要将它们放在引号中。

2.6.2 字典元素的操作

对初学者而言，应牢记字典包含多个 key-value 对，而 key 是字典的关键数据，因此程序对字典的操作都是基于 key 的。基本操作如下所述：

- 通过 key 访问 value；
- 通过 key 添加 key-value 对；
- 通过 key 删除 key-value 对；
- 通过 key 修改 key-value 对；
- 通过 key 判断指定 key-value 对是否存在；
- 通过 key 访问 value 使用的也是方括号语法，如同前面介绍的列表和元组一样，只是此时在方括号中放的是 key，而不是列表或元组中的索引。

以下代码示范了通过 key 访问 value：

```
scores = {'语文': 89}
# 通过 key 访问 value
print(scores['语文'])
```

如果要为字典添加 key-value 对，只需为不存在的 key 赋值：

```
# 对不存在的 key 赋值就是增加 key-value 对
scores['数学'] = 93
scores[92] = 5.7
print(scores)
```

输出结果如下：

```
{'语文': 89, '数学': 93, 92: 5.7}
```

如果要删除字典中的 key-value 对，则可使用 del 语句，如下：

```
# 使用 del 语句删除 key-value 对
del scores['语文']
del scores['数学']
print(scores)
```

输出结果如下：

```
{92: 5.7}
```

如果对字典中存在的 key-value 对赋值，则新赋的 value 会覆盖原有的 value，这样即可改变字典中的 key-value 对，如下：

```
cars = {'BMW': 8.5,'BENS': 8.3,'AUDI': 7.9}
# 对存在的 key-value 对赋值,改变 key-value 对
cars['BENS'] = 4.3
cars['AUDI'] = 3.8
print(cars)
```

输出结果如下:

```
{'BMW': 8.5,'BENS': 4.3,'AUDI': 3.8}
```

如果要判断字典是否包含指定的 key,则可以使用 in 或 not in 运算符。需要指出的是,对字典而言,in 或 not in 运算符都是基于 key 来判断的,如下所示。

实例:

```
# 判断 cars 是否包含名为'AUDI'的 key
print('AUDI' in cars)
```

输出结果为布尔值,如下:

```
True
```

实例:

```
# 判断 cars 是否包含名为'PORSCHE'的 key
print('PORSCHE' in cars)
```

输出结果为布尔值,如下:

```
False
```

实例:

```
print('LAMBORGHINI' not in cars)
```

输出结果为布尔值,如下:

```
True
```

通过上面的介绍可以看出,字典的 key 是它的关键。换个角度来看,字典的 key 就相当于它的索引,只不过这些索引不一定是整数类型,字典的 key 可以是任意不可变类型。可以这样说,字典相当于索引是任意不可变类型的列表,而列表则相当于 key 只能是整数类型的字典。因此,如果程序中要使用的字典的 key 都是整数类型,则可考虑能否换成列表。此外,还有一点需要指出,列表的索引总是从 0 开始、连续增大的,但字典的索引即使是整数类型,也不需要从 0 开始,而且不需要连续。列表不允许对不存在的索引赋值,字典则允许直接对不存在的 key 赋值,这样就会为字典增加一个 key-value 对。

2.6.3 字典的常用方法

字典由 dict 类代表,因此我们同样可使用 dir(dict)来查看该类包含哪些方法。在交互式解释器中输入 dir(dict)命令,将看到以下输出结果:

```
>>> dir(dict)
['clear', 'copy', 'fromkeys', 'get', 'items', 'keys', 'pop', 'popitem', 'setdefault', 'update', 'values']
>>>
```

下面介绍 dict 的一些方法。

1. clear()方法

clear()方法用于清空字典中所有的 key-value 对,对一个字典执行 clear()方法之后,该字典就会变成一个空字典,如下:

```
cars = {'BMW': 8.5, 'BENS': 8.3, 'AUDI': 7.9}
print(cars)  # {'BMW': 8.5, 'BENS': 8.3, 'AUDI': 7.9}
# 清空 cars 中所有 key-value 对
cars.clear()
print(cars)
```

输出结果就是一个空列表,如下:

```
{}
```

2. get()方法

get()方法其实就是根据 key 来获取 value,它相当于方括号语法的增强版,当使用方括号语法访问并不存在的 key 时,字典会引发 KeyError 错误,但如果使用 get()方法访问不存在的 key,该方法会简单地返回 None,不会导致错误,如下:

```
cars = {'BMW': 8.5, 'BENS': 8.3, 'AUDI': 7.9}
# 获取'BMW'对应的 value
print(cars.get('BMW'))
print(cars.get('PORSCHE'))
print(cars['PORSCHE'])
```

输出结果如下:

```
8.5
None
KeyError
```

3. update()方法

update()方法可使用一个字典所包含的 key-value 对来更新已有的字典。在执行 update()方法时,如果被更新的字典中已包含对应的 key-value 对,则原 value 会被覆盖;如果被更新的字典中不包含对应的 key-value 对,则该 key-value 对会被添加进去,如下:

```
cars = {'BMW': 8.5, 'BENS': 8.3, 'AUDI': 7.9}
cars.update({'BMW': 4.5, 'PORSCHE': 9.3})
print(cars)
```

由以上代码可以看出,由于被更新的字典中已包含 key 为"BMW"的 key-value 对,因此更新时该 key-value 对的 value 将被改写,但由于被更新的字典中不包含 key 为"PORSCHE"的 key-value 对,因此更新时就会为原字典增加一个 key-value 对。

4. items()、keys()、values()方法

items()、keys()、values()方法分别用于获取字典中的所有 key-value 对、所有 key、所有

value。这三个方法依次返回 dict_items、dict_keys 和 dict_values 对象,Python 不希望用户直接操作这几个方法,但可通过 list() 函数把它们转换成列表。以下代码示范了这三个方法的用法。

实例:

```
cars = {'BMW': 8.5, 'BENS': 8.3, 'AUDI': 7.9}
# 获取字典中所有的 key-value 对,返回一个 dict_items 对象
ims = cars.items()
print(type(ims))
```

输出结果如下:

```
<class 'dict_items'>
```

实例:

```
# 将 dict_items 转换成列表
print(list(ims))
```

输出结果如下:

```
[('BMW', 8.5), ('BENS', 8.3), ('AUDI', 7.9)]
```

实例:

```
# 访问第 2 个 key-value 对
print(list(ims)[1])
```

输出结果如下:

```
('BENS', 8.3)
```

实例:

```
# 获取字典中所有的 key,返回一个 dict_keys 对象
kys = cars.keys()
print(type(kys))
```

输出结果如下:

```
<class 'dict_keys'>
```

实例:

```
# 将 dict_keys 转换成列表
print(list(kys))
```

输出结果如下:

```
['BMW', 'BENS', 'AUDI']
```

实例:

```
# 访问第 2 个 key
print(list(kys)[1])
```

输出结果如下：

```
'BENS'
```

实例：

```
# 获取字典中所有的 value,返回一个 dict_values 对象
vals = cars.values()
print(type(vals))
```

输出结果如下：

```
<class 'dict_values'>
```

实例：

```
#将 dict_values 转换成列表
print (list (vals))
```

输出结果如下：

```
[8.5, 8.3, 7.9]
```

实例：

```
# 访问第 2 个 value
print(list(vals)[1])
```

输出结果如下：

```
8.3
```

由以上代码可以看出，程序调用字典的 items()、keys()、values()方法之后，都需要调用 list()函数，这样即可将这三个方法的返回值转换为列表。在 Python 2. x 中，items()、keys()、values()方法的返回值本来就是列表，完全可以不用 list()函数进行处理。当然，使用 list()函数处理也可以，列表被处理之后依然是列表。

5. pop()方法

pop()方法用于获取指定 key 对应的 value,并删除这个 key-value 对。以下代码示范了pop()方法的用法：

```
cars = {'BMW': 8.5, 'BENS': 8.3, 'AUDI': 7.9}
print(cars.pop('AUDI'))
print(cars)
```

输出结果如下：

```
7.9
{'BMW': 8.5, 'BENS': 8.3}
```

此程序中，第 2 行代码将会获取"AUDI"对应的 value,并删除该 key-value 对。

6. popitem()方法

popitem()方法用于随机弹出字典中的一个 key-value 对。此处的随机其实是假的，正如列表的 pop()方法总是弹出列表中的最后一个元素，实际上字典的 popitem()方法也是弹出字

典中的最后一个 key-value 对。由于字典存储 key-value 对的顺序是不可知的,因此开发者感觉字典的 popitem()方法是"随机"弹出的,但实际上字典的 popitem()方法总是弹出底层存储的最后一个 key-value 对。以下代码示范了 popitem()方法的用法:

```
cars = {'BMW': 8.5, 'BENS': 8.3, 'AUDI': 7.9}
print(cars)
# 弹出字典底层存储的最后一个 key-value 对
print(cars.popitem())
print(cars)
```

输出结果如下:

```
('AUDI', 7.9)
{'BMW': 8.5, 'BENS': 8.3}
```

由于实际上 popitem()方法弹出的就是一个元组,因此程序完全可以通过序列解包的方式用两个变量分别接收 key 和 value,如下:

```
# 将弹出项的 key 赋值给 k、value 赋值给 v
k, v = cars.popitem()
print(k, v)
```

输出结果如下:

```
BENS 8.3
```

7. setdefault()方法

setdefault()方法也用于根据 key 来获取对应的 value。但该方法有一个额外的功能,即当程序要获取的 key 在字典中不存在时,该方法会先为这个不存在的 key 设置一个默认的 value,然后返回该 key 对应的 value。

总之,setdefault()方法总能返回指定 key 对应的 value。如果该 key-value 对存在,则直接返回该 key 对应的 value;如果该 key-value 对不存在,则先为该 key 设置默认的 value,然后返回该 key 对应的 value。以下代码示范了 setdefault()方法的用法。

key-value 对不存在:

```
cars = {'BMW': 8.5, 'BENS': 8.3, 'AUDI': 7.9}
# 设置默认值,该 key 在 dict 中不存在,新增 key-value 对
print(cars.setdefault('PORSCHE', 9.2))
print(cars)
```

输出结果如下:

```
9.2
{'BMW': 8.5, 'BENS': 8.3, 'AUDI': 7.9, 'PORSCHE': 9.2}
```

key-value 对存在:

```
# 设置默认值,该 key 在 dict 中存在,不会修改 dict 的内容
print(cars.setdefault('BMW', 3.4))
print(cars)
```

输出结果如下：

```
8.5
{'BMW': 8.5,'BENS': 8.3,'AUDI': 7.9}
```

8. fromkeys( )方法

fromkeys()方法使用给定的多个 key 创建字典,这些 key 对应的 value 默认都是 None,也可以额外传入一个参数作为默认的 value。该方法一般不会使用字典对象调用(没什么意义),其通常会使用 dict 类直接调用,如下。

使用列表创建包含 2 个 key 的字典:

```
a_dict = dict.fromkeys(['a','b'])
print(a_dict)
```

输出结果如下:

```
{'a': None,'b': None}
```

使用元组创建包含 2 个 key 的字典:

```
b_dict = dict.fromkeys((13, 17))
print(b_dict)
```

输出结果如下:

```
{13: None, 17: None}
```

使用元组创建包含 2 个 key 的字典,指定默认的 value:

```
c_dict = dict.fromkeys((13, 17),'good')
print(c_dict)
```

输出结果如下:

```
{13:'good', 17:'good'}
```

2.6.4 使用字典格式化字符串

在格式化字符串时,如果要格式化的字符串模板中包含多个变量,后面就需要按顺序给出多个变量,这种方式对于字符串模板中包含少量变量的情形是合适的,但如果字符串模板中包含大量变量,这种按顺序提供变量的方式则有些不合适,此时可改为在字符串模板中按 key 指定变量,然后通过字典为字符串模板中的 key 设置值,如下:

```
# 字符串模板中使用 key
temp = '教程是:% (name)s, 价格是:% (price)010.2f, 出版社是:% (publish)s'
book = {'name':'Python 基础教程','price': 99,'publish':'北京邮电大学出版社'}
# 使用字典为字符串模板中的 key 传入值
print(temp % book)
book = {'name':'C 语言程序设计','price':159,'publish':'北京邮电大学出版社'}
# 使用字典为字符串模板中的 key 传入值
print(temp % book)
```

运行以上程序,可以看到以下输出结果:

教程是:Python 基础教程,价格是:0000099.00,出版社是：北京邮电大学出版社
教程是:C语言程序设计,价格是:0000159.00,出版社是：北京邮电大学出版社

2.7 本章小结

通过对本章的学习,读者可以了解 Python 常见的数据类型。

① Python 3 中有 6 个标准的数据类型:number(数字)、string(字符串)、list(列表)、tuple(元组)、set(集合)、dictionary(字典)。

② Python 3 支持 int、float、bool、complex(复数)。在 Python 3 中,只有一种整数类型 int,表示长整型,没有 Python 2 中的 long。

③ Python 中的字符串用单引号(')或双引号(")引起来,同时使用反斜杠(\)转义特殊字符。索引值以 0 为开始值,−1 为从末尾的开始位置。加号(＋)是字符串的连接符,星号(＊)表示复制当前字符串,紧跟的数字为复制的次数。

④ 列表是 Python 中使用最频繁的数据类型。列表可以完成大多数集合类的数据结构实现。列表中元素的类型可以不相同,它支持数字、字符串,甚至可以包含列表(所谓嵌套)。列表写在方括号之间,用逗号分隔元素。和字符串一样,列表同样可以被索引和截取,列表被截取后返回一个包含所需元素的新列表。

⑤ 元组与列表类似,不同之处在于元组的元素不能被修改。元组写在小括号里,元素之间用逗号隔开。

⑥ 集合是由一个或数个形态各异的大小整体组成的,构成集合的事物或对象称作元素或成员。

⑦ 字典是 Python 中另一个非常有用的内置数据类型。列表是有序的对象集合,字典是无序的对象集合。两者之间的区别在于:字典中的元素是通过键来存取的,而不是通过偏移存取的。字典是一种映射类型,用{ }标识,它是一个无序的键(key):值(value)的集合。key 必须使用不可变类型。在同一个字典中,key 必须是唯一的。

2.8 本章作业

1. 下面的代码有什么问题？结果是什么,为什么会报错？

```
info = 'abc'
info[2] = 'd'
```

2. 已知以下 2 个变量:

```
a = '1'
b = 2
```

print(a＋b)的结果是什么？为什么会出现这个结果？如果希望结果是 3,要怎么操作？

3. 字符串格式化练习,已知:

```
a = 2
b = 4
```

print("%d"%a * b)和 print("%d"%(a * b))有何区别?

4. 创建一个 browser_list,包含 3 个元素,分别为"firefox","chrome","ie"。

(1) 更改 browser_list,将每个元素的首字母变为大写;

(2) 将 browser_list 翻转过来,再将每个元素的首字母变为小写。

5. 建立一个多级字典。第一级键为' animals ',' plants ',' others ',animals 指向另一个字典,包含键' cats ', ' octopus ', ' dogs ',cats 指向一个字符串列表,包含' Henri ', ' Lucy ', ' Lili ',其余的指向空字典:

```
>>>dict1 = {"animals":{"cats":["Henri","Lucy","Lili"],"octopus":{},"dogs":{}}"plants":{},"others":{}}
```

(1) 打印这个字典的顶级键;

(2) 打印第二级 animals 的全部键;

(3) 打印第二级 animals 中的 cats 的值。

第 3 章

Python NumPy

3.1 NumPy 简介

NumPy 是一个 Python 包,它代表着"Numeric Python"。NumPy 是一个由多维数组对象和用于处理数组的例程集合组成的库。Numeric 即 NumPy 的前身,是由 Jim Hugunin 开发的。Jim Hugunin 还开发了另一个包 Numarray,它具有一些额外的功能。2005 年,Travis Oliphant 通过将 Numarray 的功能集成到 Numeric 包中来创建 NumPy 包。NumPy 这个开源项目有很多贡献者。

NumPy 通常与 SciPy(Scientific Python)和 Matplotlib(绘图库)一起使用。这种组合广泛用于替代 MATLAB,是一个流行的技术计算平台。但是,Python 作为 MATLAB 的替代方案,现在被视为一种更加现代和完整的编程语言。

使用 NumPy 时,开发人员可以执行以下操作:

- 数组的算数和逻辑运算;
- 傅里叶变换和用于图形操作的例程;
- 与线性代数有关的操作,NumPy 拥有线性代数和随机数生成的内置函数。

3.1.1 ndarray 对象

NumPy 中定义的最重要的对象是称作 ndarray 的 N 维数组类型,它描述相同类型的元素集合,可以使用基于 0 的索引访问集合中的项目。ndarray 中的每个元素在内存中使用大小相同的块,ndarray 中的每个元素是数据类型相同的对象。

从 ndarray 对象提取的任何元素(通过切片)由一个数组标量(array scalar)类型的 Python 对象表示。图 3-1 显示了 ndarray 与数据类型(dtype)、数组标量类型之间的关系。

ndarray 类的实例可以通过本书后面描述的不同的数组创建例程来构造。基本的 ndarray 是使用 NumPy 中的数组函数创建的,它由任何暴露数组接口的对象或返回数组的任何方法创建一个 ndarray。

```
numpy.array(object, dtype = None, copy = True, order = None, subok = False, ndmin = 0)
```

numpy.array 构造器接受表 3-1 所示的参数。

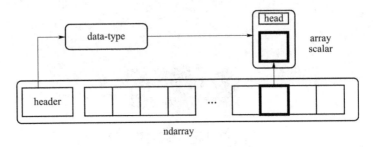

图 3-1　ndarray 与数据类型、数组标量类型之间的关系

表 3-1　numpy.array 构造器接受的参数

序号	参数及描述
1	object：任何暴露数组接口、方法的对象都会返回一个数组或者任何（嵌套）序列
2	dtype：数组所需的数据类型，可选
3	copy：可选，默认为 True，表示对象是否被复制
4	order：C（按行）、F（按列）或者 A（任意，默认）
5	subok：默认情况下，返回的数组被强制为基类数组
6	ndmin：指定返回数组的最小维数

通过下面的示例可以更好地理解。

1. 示例：一维数据

```
import numpy as np
a = np.array([1, 2, 3])
print (a)
```

输出结果如下：

```
[1, 2, 3]
```

2. 示例：多于一个维度的数据

```
import numpy as np
a = np.array([[1, 2], [3, 4]])
print (a)
```

输出结果如下：

```
[[1, 2]
 [3, 4]]
```

3. 示例：最小维度

```
import numpy as np
a = np.array([1, 2, 3, 4, 5], ndmin = 2)
print (a)
```

输出结果如下：

```
[[1, 2, 3, 4, 5]]
```

3.1.2 数据类型

NumPy 支持的数据类型比 Python 支持的更多。表 3-2 显示了 NumPy 中定义的不同标量数据类型。

表 3-2 NumPy 支持的数据类型

序号	数据类型及描述
1	bool:存储一字节的布尔值
2	int:整数,通常为 int32 或 int64
3	int8:字节(−128~127)
4	int16:16 位整数
5	int32:32 位整数
6	int64:64 位整数
7	unit8:8 位无符号整数
8	unit16:16 位无符号整数
9	unit32:32 位无符号整数
10	unit64:64 位无符号整数
11	float16:半精度浮点数,包括符号位,5 位指数,10 位尾数
12	float32:单精度浮点数,包括符号位,8 位指数,23 位尾数
13	float64:双精度浮点数,包括符号位,11 位指数,52 位尾数
14	complex64:复数,由两个 32 位浮点数表示(实部和虚部)
15	complex128:复数,由两个 64 位浮点数表示(实部和虚部)

NumPy 的数据类型是 dtype(数据类型)对象的实例,每个对象具有唯一的特征。这些类型可以是 np.bool_,np.float32 等。数据类型对象描述了对应于数组的固定内存块的解释,取决于数据类型(整数、浮点数或者 Python 对象)。

每个内建数据类型都有一个唯一定义它的字符代码,如下所述。

- 'b':布尔值。
- 'i':符号整数。
- 'u':无符号整数。
- 'f':浮点数。
- 'c':复数。
- 'm':时间间隔。
- 'M':日期时间。
- 'O':Python 对象。
- 'S', 'a':字节串。
- 'U':Unicode。
- 'V':原始数据(void)。

1. 示例:使用数组标量类型

```
import numpy as np
dt = np.dtype(np.int32)
print (dt)
```

输出结果如下:

```
int32
```

2. 示例:将数组标量类型应用于 ndarray 对象

```
import numpy as np
dt = np.dtype([('age',np.int8)])
a = np.array([(10,),(20,),(30,)], dtype = dt)
print (a)
```

输出结果如下:

```
[(10,) (20,) (30,)]
```

3. 示例:文件名称可用于访问 age 列的内容

```
import numpy as np
dt = np.dtype([('age',np.int8)])
a = np.array([(10,),(20,),(30,)], dtype = dt)
print (a['age'])
```

输出结果如下:

```
[10 20 30]
```

4. 示例:结构化数据类型(一)

以下示例定义名为 student 的结构化数据类型,其中包含字符串字段 name,整数字段 age
和浮点数字段 marks。此 dtype 应用于 ndarray 对象。

```
import numpy as np
student = np.dtype([('name','S20'), ('age', 'i1'), ('marks', 'f4')])
print (student)
```

输出结果如下:

```
[('name','S20'), ('age','i1'), ('marks','f4')]
```

5. 示例:结构化数据类型(二)

```
import numpy as np
student = np.dtype([('name','S20'), ('age', 'i1'), ('marks', 'f4')])
a = np.array([('abc', 21, 50),('xyz', 18, 75)], dtype = student)
print (a)
```

输出结果如下:

```
[('abc', 21, 50.0), ('xyz', 18, 75.0)]
```

3.1.3 数组属性

NumPy 数组的维数称为秩(rank)，秩就是轴(axis)的数量，即数组的维度(dimension)，一维数组的秩为 1，二维数组的秩为 2，依次类推。在 NumPy 中，每一个线性的数组称为一个轴，也就是维度。例如，二维数组相当于两个一维数组，其中第一个一维数组中的每个元素又是一个一维数组。所以一维数组就是 NumPy 中的轴，第一个轴相当于底层数组，第二个轴是底层数组里的数组。

很多时候可以声明 axis。axis＝0 表示沿着第 0 轴进行操作，即对每一列进行操作；axis＝1 表示沿着第 1 轴进行操作，即对每一行进行操作。

NumPy 的数组中比较重要的 ndarray 对象的属性如表 3-3 所示。

表 3-3　ndarray 对象的属性

属性	说明
ndarray. ndim	秩，即轴的数量或维度的数量
ndarray. shape	数组的维度，对于矩阵为 n 行 m 列
ndarray. size	数组元素的总个数，相当于 .shape 中 $n \cdot m$ 的值
ndarray. dtype	ndarray 对象的元素类型
ndarray. itemsize	ndarray 对象中每个元素的大小，以字节为单位
ndarray. flags	ndarray 对象的内存信息
ndarray. real	ndarray 元素的实部
ndarray. imag	ndarray 元素的虚部
ndarray. data	包含实际数组元素的缓冲区，由于一般通过数组的索引获取元素，因此通常不需要使用这个属性

1. ndarray. shape

ndarray. shape 表示数组的维度，返回一个元组，这个元组的长度就是维度的数量，即 ndim 属性(秩)。例如，一个二维数组的维度表示"行数"和"列数"。

实例：

```
import numpy as np
a = np.array([[1,2,3],[4,5,6]])
print (a.shape)
```

输出结果如下：

```
(2, 3)
```

ndarray. shape 也可以用于调整数组大小。

实例：

```
import numpy as np
a = np.array([[1,2,3],[4,5,6]])
a. shape = (3,2)
print (a)
```

输出结果如下：

```
[[1 2]
 [3 4]
 [5 6]]
```

NumPy 也提供了 reshape() 函数来调整数组大小。

实例：

```
import numpy as np
a = np.array([[1,2,3],[4,5,6]])
b = a.reshape(3,2)
print (b)
```

输出结果如下：

```
[[1, 2]
 [3, 4]
 [5, 6]]
```

实例：

```
import numpy as np
a = np.arange(24)
print(a)
```

输出结果如下：

```
[ 0  1  2  3  4  5  6  7  8  9 10 11 12 13 14 15 16 17 18 19 20 21 22 23]
```

2. numpy.flags

ndarray 对象具有表 3-4 所示的属性，对应的函数返回了它们的当前值。

表 3-4   ndarray 对象返回值

序号	属性及描述
1	c_contiguous(c)：数组位于单一的、C 风格的连续区段内
2	f_contiguous(f)：数组位于单一的、Fortran 风格的连续区段内
3	owndata(o)：数组的内存从其他对象处借用
4	writable(w)：数据区域可写入，将它设置为 False 会锁定数据，使其只读
5	aligned(a)：数据和任何元素会为硬件适当对齐
6	updatecopy(u)：这个数组是另一个数组的副本，当这个数组释放时，源数组会由这个数组中的元素更新

实例：

```
import numpy as np
x = np.array([1,2,3,4,5])
print (x.flags)
```

输出结果如下：

```
C_CONTIGUOUS : True
F_CONTIGUOUS : True
OWNDATA : True
```

```
WRITEABLE : True
ALIGNED : True
UPDATEIFCOPY : False
```

3. ndarray.ndim

ndarray.ndim 用于返回数组的维数(等于秩)。

实例:

```
import numpy as np
a = np.arange(24)
print (a.ndim)          # a 现只有一个维度
# 现在调整其大小
b = a.reshape(2,4,3)    # b 现在拥有三个维度
print (b.ndim)
```

输出结果如下:

```
1
3
```

4. ndarray.itemsize

ndarray.itemsize 以字节的形式返回数组中每一个元素的大小。例如,一个元素类型为 float64 的数组 itemsize 属性值为 8(float64 占用 64 bit,每字节长度为 8 bit,所以占用 8 字节)。又如,一个元素类型为 complex32 的数组 itemsize 属性值为 4(32/8)。

实例:

```
import numpy as np
# 数组的 dtype 为 int8(1 字节)
x = np.array([1,2,3,4,5], dtype = np.int8)
print (x.itemsize)
# 数组的 dtype 现在为 float64(8 字节)
y = np.array([1,2,3,4,5], dtype = np.float64)
print (y.itemsize)
```

输出结果如下:

```
1
8
```

3.1.4 数组创建

新的 ndarray 对象可以通过任何下列数组创建例程或低级 ndarray 构造函数构造。

1. numpy.empty()

创建指定形状和 dtype 的未初始化数组,使用以下构造函数:

```
numpy.empty(shape, dtype = float, order = 'C')
```

构造器接受表 3-5 所示的参数。

表 3-5 empty( )构造参数

序号	参数及描述
1	shape:空数组的形状,整数或整数元组
2	dtype:所需的输出数组类型,可选
3	order:'C'为按行的 C 风格数组,'F'为按列的 Fortran 风格数组

下面的代码展示空数组:

```
import numpy as np

x = np.empty([3,2], dtype = int)

print (x)
```

输出结果如下:

```
[[22649312 1701344351]

[1818321759 1885959276]

[16779776 156368896]]
```

注意 数组元素为随机值,因为它们未初始化。

2. numpy.zeros( )

返回特定大小,以 0 填充的新数组:

```
numpy.zeros(shape, dtype = float, order = 'C')
```

构造器接受表 3-6 所示的参数。

表 3-6 zeros( )构造参数

序号	参数及描述
1	shape:空数组的形状,整数或整数元组
2	dtype:所需的输出数组类型,可选
3	order:'C'为按行的 C 风格数组,'F'为按列的 Fortran 风格数组

实例:

```
import numpy as np
# 默认为浮点数
x = np.zeros(5)
print(x)
# 设置类型为整数
y = np.zeros((5,), dtype = np.int)
print(y)
# 自定义类型
z = np.zeros((2,2), dtype = [('x','i4'), ('y','i4')])
print(z)
```

输出结果如下:

```
[0. 0. 0. 0. 0.]
[0 0 0 0 0]
[[(0, 0) (0, 0)]
 [(0, 0) (0, 0)]]
```

3. numpy.ones()

返回特定大小,以 1 填充的新数组:

```
numpy.ones(shape, dtype = None, order = 'C')
```

构造器接受表 3-7 所示的参数。

表 3-7　ones()构造参数

序号	参数及描述
1	shape:空数组的形状,整数或整数元组
2	dtype:所需的输出数组类型,可选
3	order:'C'为按行的 C 风格数组,'F'为按列的 Fortran 风格数组

实例:

```
# 含有 5 个 1 的数组,默认类型为 float
import numpy as np
x = np.ones(5)
print(x)
# 自定义类型
x = np.ones([2,2], dtype = int)
print (x)
```

输出结果如下:

```
[1. 1. 1. 1. 1.]
[[1 1]
 [1 1]]
```

4. numpy.asarray()

此函数类似于 numpy.array(),但它有较少的参数。这个例程对于将 Python 序列转换为 ndarray 非常有用。

```
numpy.asarray(a, dtype = None, order = None)
```

numpy.asarray()构造器接受表 3-8 所示的参数。

表 3-8　asarray()构造参数

序号	参数及描述
1	a:数组形式的输入数据
2	dtype:所需的输出数组类型,可选
3	order:'C'为按行的 C 风格数组,'F'为按列的 Fortran 风格数组

下面的例子展示了如何使用 asarray() 函数。

实例：

```
import numpy as np
x = [1,2,3]
a = np.asarray(x)
print (a)
```

输出结果如下：

```
[1 2 3]
```

实例：

```
# 设置了 dtype
import numpy as np
x = [1,2,3]
a = np.asarray(x, dtype = float)
print (a)
```

输出结果如下：

```
[1. 2. 3.]
```

实例：

```
# 来自元组的 ndarray
import numpy as np
x = (1,2,3)
a = np.asarray(x)
print (a)
```

输出结果如下：

```
[1 2 3]
```

实例：

```
# 来自元组列表的 ndarray
import numpy as np
x = [(1,2,3),(4,5)]
a = np.asarray(x)
print (a)
```

输出结果如下：

```
[(1, 2, 3) (4, 5)]
```

5. numpy. frombuffer()

此函数将缓冲区解释为一维数组。暴露缓冲区接口的任何对象都用作参数来返回 ndarray。

```
numpy.frombuffer(buffer, dtype = float, count = -1, offset = 0)
```

numpy.frombuffer()构造器接受表 3-9 所示的参数。

表 3-9　frombuffer( )构造参数

序号	参数及描述
1	buffer:任何暴露缓冲区接口的对象
2	dtype:返回数组的数据类型,默认为 float
3	count:需要读取的数据数量,默认为－1,读取所有数据
4	offset:需要读取的起始位置,默认为 0

下面的例子展示了 frombuffer()函数的用法。

实例:

```
import numpy as np
s = 'Hello World'
a = np.frombuffer(s, dtype = 'S1')
print (a)
```

输出结果如下:

```
['H''e''l''l''o''''W''o''r''l''d']
```

6. numpy. fromiter( )

此函数由任何可迭代对象构建一个 ndarray 对象,返回一个新的一维数组。

```
numpy.fromiter(iterable, dtype, count = －1)
```

numpy. fromiter()构造器接受表 3-10 所示的参数。

表 3-10　fromiter( )构造参数

序号	参数及描述
1	iterable:任何可迭代对象
2	dtype:返回数组的数据类型
3	count:需要读取的数据数量,默认为－1,读取所有数据

下面的例子展示了如何使用内置的 range()函数返回列表对象。此列表的迭代器用于形成 ndarray 对象。

实例:

```
# 使用 range()函数创建列表对象
import numpy as np
list = range(5)
print (list)
```

输出结果如下:

```
[0, 1, 2, 3, 4]
```

实例:

```
# 从列表中获得迭代器
import numpy as np
list = range(5)
it = iter(list)
# 使用迭代器创建 ndarray
x = np.fromiter(it, dtype = float)
print (x)
```

输出结果如下：

```
[0. 1. 2. 3. 4.]
```

7. numpy. arange( )

此函数返回 ndarray 对象，包含给定范围内的等间隔值。

```
numpy.arange(start, stop, step, dtype)
```

numpy. arange()构造器接受表 3-11 所示的参数。

表 3-11　arange( )构造参数

序号	参数及描述
1	start：范围的起始值，默认为 0
2	stop：范围的终止值(不包含)
3	step：两个值的间隔，默认为 1
4	dtype：返回 ndarray 的数据类型，如果没有提供，则会使用输入数据的类型

下面的例子展示了如何使用 arange()函数。
实例：

```
import numpy as np
x = np.arange(5)
print (x)
```

输出结果如下：

```
[0 1 2 3 4]
```

实例：

```
import numpy as np
# 设置了 dtype
x = np.arange(5, dtype = float)
print (x)
```

输出结果如下：

```
[0. 1. 2. 3. 4.]
```

实例：

```
# 设置了起始值和终止值参数
import numpy as np
x = np.arange(10,20,2)
print (x)
```

输出结果如下：

```
[10 12 14 16 18]
```

8. numpy.linspace( )

此函数类似于 arange()函数。在此函数中，指定了范围之间的均匀间隔数量，而不是步长。此函数的用法如下。

```
numpy.linspace(start, stop, num, endpoint, retstep, dtype)
```

numpy.linspace()构造器接受表 3-12 所示的参数。

表 3-12　linspace( )构造参数

序号	参数及描述
1	start：序列的起始值
2	stop：序列的终止值，如果 endpoint 为 True，则该值包含于序列中
3	num：要生成的等间隔样例数量，默认为 50
4	endpoint：序列中是否包含 stop 值，默认为 True
5	retstep：如果为 True，则返回样例以及连续数字之间的步长
6	dtype：输出 ndarray 的数据类型

下面的例子展示了 linspace()函数的用法。
实例：

```
import numpy as np
x = np.linspace(10,20,5)
print (x)
```

输出结果如下：

```
[10. 12.5 15. 17.5 20.]
```

实例：

```
# 将 endpoint 设为 False
import numpy as np
x = np.linspace(10,20, 5, endpoint = False)
print (x)
```

输出结果如下：

```
[10. 12. 14. 16. 18.]
```

实例：

```
# 输出 retstep 值
import numpy as np
x = np.linspace(1,2,5, retstep = True)
print (x)
# 这里的步长为 0.25
```

输出结果如下：

```
(array([ 1. , 1.25, 1.5 , 1.75, 2. ]), 0.25)
```

9. numpy. logspace( )

此函数返回一个 ndarray 对象,其中包含在对数刻度上均匀分布的数字。刻度的开始和结束端点是某个底数的幂,通常底数为 10。

```
numpy.logspace(start, stop, num, endpoint, base, dtype)
```

logspace()函数的输出由表 3-13 所示的参数决定。

表 3-13　logspace( )构造参数

序号	参数及描述
1	start:序列的起始值
2	stop:序列的终止值,如果 endpoint 为 True,则该值包含于序列中
3	num:要生成的等间隔样例数量,默认为 50
4	endpoint:如果为 True,则终止值包含在输出数组中
5	base:对数空间的底数,默认为 10
6	dtype:返回数组的数据类型,如果没有提供,则取决于其他参数

下面的例子展示了 logspace()函数的用法。

实例:

```
import numpy as np
# 默认底数是 10
a = np.logspace(1.0, 2.0, num = 10)
print (a)
```

输出结果如下:

```
[ 10. 12.91549665 16.68100537 21.5443469 27.82559402
35.93813664 46.41588834 59.94842503 77.42636827 100. ]
```

实例:

```
# 将对数空间的底数设置为 2
import numpy as np
a = np.logspace(1,10,num = 10, base = 2)
print (a)
```

输出结果如下:

```
[ 2. 4. 8. 16. 32. 64. 128. 256. 512. 1024.]
```

3.1.5　切片和索引

ndarray 对象的内容可以通过索引或切片来访问和修改,就像 Python 的内置容器对象一样。如前文所述,ndarray 对象中的元素遵循基于零的索引。有三种可用的索引方法:字段访问,基本切片和高级索引。

基本切片是 Python 中的基本切片概念到 n 维的扩展。通过将 start、stop 和 step 参数提供给内置的 slice()函数来构造一个 Python slice 对象,此 slice 对象被传递给数组来提取数组的一部分。

实例：

```
import numpy as np
a = np.arange(10)
s = slice(2,7,2)
print (a[s])
```

输出结果如下：

```
[2 4 6]
```

在上面的例子中，ndarray 对象由 arange()函数创建。然后，分别用起始、终止和步长值 2、7 和 2 定义切片对象。这个切片对象传递给 ndarray 时，会对它的一部分进行切片，从索引 2 到 7，步长为 2。

将由冒号分隔的切片参数(start:stop:step)直接提供给 ndarray 对象，也可以获得相同的结果。

实例：

```
import numpy as np
a = np.arange(10)
b = a[2:7:2]
print (b)
```

输出结果如下：

```
[2 4 6]
```

如果只输入一个参数，则将返回与索引对应的单个元素。如果使用"a:"，则从该索引向后的所有元素都将被提取。如果使用两个参数(以冒号分隔)，则对两个索引(不包括停止索引)之间的元素以默认步长进行切片。

实例：

```
# 对单个元素进行切片
import numpy as np
a = np.arange(10)
b = a[5]
print (b)
```

输出结果如下：

```
5
```

实例：

```
# 对始于索引的元素进行切片
import numpy as np
a = np.arange(10)
print (a[2:])
```

输出结果如下：

```
[2 3 4 5 6 7 8 9]
```

实例：

```
# 对索引之间的元素进行切片
import numpy as np
a = np.arange(10)
print (a[2:5])
```

输出结果如下：

```
[2 3 4]
```

上面的描述也可用于多维 ndarray。

实例：

```
import numpy as np
a = np.array([[1,2,3],[3,4,5],[4,5,6]])
print (a)
# 对始于索引的元素进行切片
print ('现在我们从索引 a[1:] 开始对数组切片')
print (a[1:])
```

输出结果如下：

```
[[1 2 3]
 [3 4 5]
 [4 5 6]]
现在我们从索引 a[1:] 开始对数组切片
[[3 4 5]
 [4 5 6]]
```

切片还可以包括省略号(…)来使选择元组的长度与数组的维度相同。如果在行位置使用省略号，则将返回包含所有行中对应元素的 ndarray。现在我们使用省略号对数组切片，案例代码如下：

```
# 最开始的数组
import numpy as np
a = np.array([[1,2,3],[3,4,5],[4,5,6]])
print ('我们的数组是：')
print (a)
print ('\n')
# 现在返回第二列元素的数组
print ('第二列的元素是：')
print (a[...,1])
print ('\n')
# 现在我们从第二行切片所有元素
print ('第二行的元素是：')
print (a[1,...])
print ('\n')
```

```
# 现在我们从第二列向后切片所有元素
print ('第二列及其后元素是:')
print (a[...,1:])
```

输出结果如下:

```
我们的数组是:
[[1 2 3]
 [3 4 5]
 [4 5 6]]
第二列的元素是:
[2 4 5]
第二行的元素是:
[3 4 5]
第二列及其后元素是:
[[2 3]
 [4 5]
 [5 6]]
```

3.1.6 高级索引

如果一个 ndarray 是非元组序列,数据类型为整数或布尔值,或者至少一个元素为序列对象的元组,我们就能够用它来索引 ndarray。高级索引始终返回数据的副本,与此相反,切片只提供一个视图。有两种类型的高级索引:整数索引和布尔索引。

1. 整数索引

这种机制有助于基于 n 维索引来获取数组中的任意元素。每个整数数组表示该维度的下标值。当索引的元素个数就是目标 ndarray 的维度时,会变得相当直接。以下示例获取了 ndarray 对象中每一行指定列的一个元素。行索引包含所有行,列索引指定要选择的元素。

实例:

```
import numpy as np
x = np.array([[1, 2], [3, 4], [5, 6]])
y = x[[0,1,2], [0,1,0]]
print (y)
```

输出结果如下:

```
[1 4 5]
```

该结果包括数组中 $(0,0)$,$(1,1)$ 和 $(2,0)$ 处的元素。

下面的示例获取了 4×3 数组中每个角处的元素。行索引是 [0,0] 和 [3,3],而列索引是 [0,2] 和 [0,2]。

实例:

```
import numpy as np
x = np.array([[ 0, 1, 2], [ 3, 4, 5], [ 6, 7, 8], [ 9, 10, 11]])
print ('我们的数组是:')
```

```
print (x)
print ('\n')
rows = np.array([[0,0],[3,3]])
cols = np.array([[0,2],[0,2]])
y = x[rows,cols]
print ('这个数组的每个角处的元素是:')
print (y)
```

输出结果如下:

```
我们的数组是:
[[ 0 1 2]
 [ 3 4 5]
 [ 6 7 8]
 [ 9 10 11]]
这个数组的每个角处的元素是:
[[ 0 2]
 [ 9 11]]
```

上述返回的结果是包含每个角元素的 ndarray 对象。

高级和基本索引可以通过使用切片(:)或省略号(…)与索引数组组合。以下示例使用切片作为列索引和高级索引。当切片用于两者时,结果是相同的。但高级索引会导致复制,并且可能有不同的内存布局。

实例:

```
import numpy as np
x = np.array([[ 0, 1, 2],[ 3, 4, 5],[ 6, 7, 8],[ 9, 10, 11]])
print ('我们的数组是:')
print (x)
print ('\n')
# 高级索引切片
z = x[1:4,1:3]
print ('切片之后,我们的数组变为:')
print (z)
print ('\n')
# 对列使用高级索引
y = x[1:4,[1,2]]
print ('对列使用高级索引来切片:')
print (y)
```

输出结果如下:

```
我们的数组是:
[[ 0 1 2]
 [ 3 4 5]
 [ 6 7 8]
 [ 9 10 11]]
```

切片之后,我们的数组变为:
[[4 5]
 [7 8]
 [10 11]]
对列使用高级索引来切片:
[[4 5]
 [7 8]
 [10 11]]

2. 布尔索引

当结果对象是布尔运算(如比较运算符)的结果时,将使用布尔索引。

实例:

```
# 在这个例子中,大于 5 的元素会作为布尔索引的结果返回
import numpy as np
x = np.array([[ 0, 1, 2],[ 3, 4, 5],[ 6, 7, 8],[ 9, 10, 11]])
print ('我们的数组是:')
print (x)
print ('\n')
# 现在我们会打印出大于 5 的元素
print ('大于 5 的元素是:')
print (x[x > 5])
```

输出结果如下:

```
我们的数组是:
[[ 0 1 2]
 [ 3 4 5]
 [ 6 7 8]
 [ 9 10 11]]
大于 5 的元素是:
[ 6 7 8 9 10 11]
```

实例:

```
# 这个例子使用了～(取补运算符)来过滤 NaN
import numpy as np
a = np.array([np.nan, 1,2,np.nan,3,4,5])
print (a[～np.isnan(a)])
```

输出结果如下:

```
[ 1. 2. 3. 4. 5.]
```

实例:

```
# 这个例子显示了如何从数组中过滤非复数元素
import numpy as np
a = np.array([1, 2+6j, 5, 3.5+5j])
print a[np.iscomplex(a)]
```

输出结果如下：

```
[2.0+6.j 3.5+5.j]
```

3. 广播

广播(Broadcast)是指 NumPy 在算术运算期间处理不同形状(shape)的数组的能力,对数组的算术运算通常在相应的元素上进行。如果两个阵列具有完全相同的形状,则这些操作被无缝执行。

如果两个数组 a 和 b 形状相同,即满足"a. shape == b. shape",那么"a * b"的结果就是数组 a 与数组 b 对应位相乘。形状相同即维数相同,且各维度的长度相同。

实例：

```
import numpy as np
a = np.array([1,2,3,4])
b = np.array([10,20,30,40])
c = a * b
print (c)
```

输出结果如下：

```
[10 40 90 160]
```

当运算中的两个数组形状不同时,NumPy 将自动触发广播机制。

实例：

```
import numpy as np
a = np.array([[ 0, 0, 0], [10,10,10], [20,20,20], [30,30,30]])
b = np.array([1,2,3])
print(a + b)
```

输出结果如下：

```
[[ 1  2  3]
 [11 12 13]
 [21 22 23]
 [31 32 33]]
```

如果两个数组的维数不相同,则元素到元素的操作是不可能的。然而在 NumPy 中仍然可以对形状不相似的数组进行操作,因为它拥有广播功能。较小的数组会广播到较大数组的大小,以使它们的形状兼容。

如果满足以下规则,则可以进行广播。

- ndim 较小的数组会在前面追加一个长度为 1 的维度。
- 输出数组的每个维度的大小是输入数组该维度大小的最大值。
- 如果输入在每个维度中的大小与输出大小匹配,或其值恰好为 1,则可以使用输入进行计算。
- 如果输入的某个维度大小为 1,则该维度中的第一个数据元素将用于该维度的所有计算。

如果上述规则产生有效结果,并且满足以下条件之一,那么数组被称为可广播的。

- 数组拥有相同的形状。
- 数组拥有相同的维数,每个维度拥有相同的长度,或者长度为 1。
- 数组拥有极少的维度,可以在其前面追加长度为 1 的维度,使上述条件成立。

实例:

```
import numpy as np
a = np.array([[0.0,0.0,0.0],[10.0,10.0,10.0],[20.0,20.0,20.0],[30.0,30.0,30.0]])
b = np.array([1.0,2.0,3.0])
print ('第一个数组:')
print (a)
print ('\n')
print ('第二个数组:')
print (b)
print ('\n')
print ('第一个数组加第二个数组:')
print (a + b)
```

输出结果如下:

```
第一个数组:
[[ 0. 0. 0.]
 [ 10. 10. 10.]
 [ 20. 20. 20.]
 [ 30. 30. 30.]]
第二个数组:
[ 1. 2. 3.]
第一个数组加第二个数组:
[[ 1. 2. 3.]
 [ 11. 12. 13.]
 [ 21. 22. 23.]
 [ 31. 32. 33.]]
```

3.1.7 矩阵变形

NumPy 矩阵可以通过表 3-14 所示的函数进行行或者列的改变。

表 3-14 矩阵变形方法

函数	描述
reshape()	在不改变数据的条件下修改形状
flat()	数组元素迭代器
flatten()	返回一份数组副本,对副本所做的修改不会影响原始数组
ravel()	返回展开数组

1. numpy. reshape( )

此函数在不改变数据的条件下修改形状,接受如下参数:

```
numpy.reshape(arr, newshape, order)
```

- arr:要修改形状的数组。
- newshape:整数或者整数数组,新的形状应当兼容原有形状。
- order:'C'为 C 风格顺序,'F'为 F 风格顺序,'A'为保留原顺序。

实例:

```
import numpy as np
a = np.arange(8)
print ('原始数组:')
print (a)
print ('\n')
b = a.reshape(4,2)
print ('修改后的数组:')
print (b)
```

输出结果如下:

```
numpy.ndarray.flat
原始数组:
[0 1 2 3 4 5 6 7]
修改后的数组:
[[0 1]
 [2 3]
 [4 5]
 [6 7]]
```

此函数返回数组上的一维迭代器,行为类似于 Python 内建的迭代器。

实例:

```
import numpy as np
a = np.arange(8).reshape(2,4)
print ('原始数组:')
print (a)
print ('\n')
print ('调用 flat 函数之后:')
# 返回展开数组中的下标对应的元素
print (a.flat[5])
```

输出结果如下:

```
原始数组:
[[0 1 2 3]
 [4 5 6 7]]
调用 flat 函数之后:
5
```

2. numpy.flatten( )

此函数返回折叠为一维的数组副本,接受下列参数:

```
ndarray.flatten(order)
```

实例：

```
import numpy as np
a = np.arange(8).reshape(2,4)
print ('原数组：')
print (a)
print ('\n')
print ('展开的数组：')
print (a.flatten())
print ('\n')
print ('以 F 风格顺序展开的数组：')
print (a.flatten(order = 'F'))
```

输出结果如下：

```
原数组：
[[0 1 2 3]
 [4 5 6 7]]
展开的数组：
[0 1 2 3 4 5 6 7]
以 F 风格顺序展开的数组：
[0 4 1 5 2 6 3 7]
```

3. numpy. ravel( )

此函数返回展开的一维数组，并且按需生成副本。返回的数组和输入数组具有相同的数据类型。这个函数接受以下两个参数：

```
numpy.ravel(a, order)
```

order：'C'——按行，'F'——按列，'A'——原顺序，'k'——元素在内存中的出现顺序。
实例：

```
import numpy as np
a = np.arange(8).reshape(2,4)
print ('原数组：')
print (a)
print ('\n')
print ('调用 ravel()函数之后：')
print (a.ravel())
print ('\n')
print ('以 F 风格顺序调用 ravel()函数之后：')
print (a.ravel(order = 'F'))
```

输出结果如下：

```
原数组：
[[0 1 2 3]
 [4 5 6 7]]
```

调用 ravel()函数之后:

[0 1 2 3 4 5 6 7]

以 F 风格顺序调用 ravel() 函数之后:

[0 4 1 5 2 6 3 7]

4. numpy. transpose( )

此函数用于翻转给定数组的维度。如果可能的话它会返回一个视图。此函数接受下列参数:

numpy. transpose(arr, axes)

- arr:要转置的数组。
- axes:整数的列表,对应维度,通常所有维度都会翻转。

常用的翻转函数如表 3-15 所示。

表 3-15 翻转函数

序号	操作及描述
1	transpose():翻转数组的维度
2	ndarray. T:和 self. transpose()相同
3	rollaxis():向后滚动指定的轴
4	swapaxes():互换数组的两个轴

实例:

```
import numpy as np
a = np.arange(12).reshape(3,4)
print ('原数组:')
print (a)
print ('\n')
print ('转置数组:')
print (np.transpose(a))
```

输出结果如下:

```
原数组:
[[ 0 1 2 3]
 [ 4 5 6 7]
 [ 8 9 10 11]]
转置数组:
[[ 0 4 8]
 [ 1 5 9]
 [ 2 6 10]
 [ 3 7 11]]
```

5. numpy. ndarray. T

此函数属于 ndarray 类,行为类似于 numpy. transpose()。

实例:

```
import numpy as np
a = np.arange(12).reshape(3,4)
print ('原数组:')
print (a)
print ('\n')
print ('转置数组:')
print (a.T)
```

输出结果如下:

```
原数组:
[[ 0 1 2 3]
 [ 4 5 6 7]
 [ 8 9 10 11]]
转置数组:
[[ 0 4 8]
 [ 1 5 9]
 [ 2 6 10]
 [ 3 7 11]]
```

6. numpy. rollaxis( )

此函数用于向后滚动特定的轴,直到一个特定位置。这个函数接受以下 3 个参数:

```
numpy.rollaxis(arr, axis, start)
```

- arr:输入数组。
- axis:要向后滚动的轴,其他轴的相对位置不会改变。
- start:默认为零,表示完整的滚动。会滚动到特定位置。

实例:

```
# 创建三维的 ndarray
import numpy as np
a = np.arange(8).reshape(2,2,2)
print ('原数组:')
print (a)
print ('\n')
# 将轴 2 滚动到轴 0(宽度到深度)
print ('调用 rollaxis()函数:')
print (np.rollaxis(a,2))
# 将轴 0 滚动到轴 1(深度到高度)
print ('\n')
print ('调用 rollaxis()函数:')
print (np.rollaxis(a,2,1))
```

输出结果如下:

```
原数组:
[[[0 1]
 [2 3]]
 [[4 5]
```

```
[6 7]]]
调用 rollaxis() 函数：
[[[0 2]
[4 6]]
[[1 3]
[5 7]]]
调用 rollaxis() 函数：
[[[0 2]
[1 3]]
[[4 6]
[5 7]]]
```

7. numpy.swapaxes( )

此函数用于交换数组的两个轴。对于 1.10 之前的 NumPy 版本，会返回交换后数组的视图。这个函数接受下列参数：

```
numpy.swapaxes(arr, axis1, axis2)
```

- arr：要交换其轴的输入数组。
- axis1：对应第一个轴的整数。
- axis2：对应第二个轴的整数。

实例：

```
# 创建三维的 ndarray
import numpy as np
a = np.arange(8).reshape(2,2,2)
print ('原数组：')
print (a)
print ('\n')
# 现在交换轴 0(深度方向)到轴 2(宽度方向)
print ('调用 swapaxes() 函数后的数组：')
print (np.swapaxes(a, 2, 0))
```

输出结果如下：

```
原数组：
[[[0 1]
[2 3]]
[[4 5]
[6 7]]]
调用 swapaxes() 函数后的数组：
[[[0 4]
[2 6]]
[[1 5]
[3 7]]]
```

8. numpy.concatenate( )

常用的连接函数如表 3-16 所示。

表 3-16　连接函数

序号	操作及描述
1	concatenate()：沿着指定的轴连接数组序列
2	stack()：沿着轴堆叠数组序列
3	hstack()：水平堆叠序列中的数组（列方向）
4	vstack()：竖直堆叠序列中的数组（行方向）

此函数用于沿指定轴连接相同形状的两个或多个数组,接受以下参数:

```
numpy.concatenate((a1, a2, ...), axis)
```

- a1,a2,…:相同类型的数组序列。
- axis:沿着此轴连接数组,默认为 0。

实例:

```
import numpy as np
a = np.array([[1,2],[3,4]])
print ('第一个数组:')
print (a)
print ('\n')
b = np.array([[5,6],[7,8]])
print ('第二个数组:')
print (b)
print ('\n')
# 两个数组的维度相同
print ('沿轴 0 连接两个数组:')
print (np.concatenate((a,b)))
print ('\n')
print ('沿轴 1 连接两个数组:')
print (np.concatenate((a,b),axis = 1))
```

输出结果如下:

```
第一个数组:
[[1 2]
 [3 4]]
第二个数组:
[[5 6]
 [7 8]]
沿轴 0 连接两个数组:
[[1 2]
 [3 4]
 [5 6]
 [7 8]]
沿轴 1 连接两个数组:
[[1 2 5 6]
 [3 4 7 8]]
```

9. numpy.stack()

此函数用于沿轴堆叠数组序列,添加自 NumPy 版本 1.10.0。此函数接受以下参数:

```
numpy.stack(arrays, axis)
```

- arrays:数组序列。
- axis:沿着此轴堆叠数组,默认为 0。

实例:

```
import numpy as np
a = np.array([[1,2],[3,4]])
print ('第一个数组:')
print (a)
print ('\n')
b = np.array([[5,6],[7,8]])
print ('第二个数组:')
print (b)
print ('\n')
print ('沿轴 0 堆叠两个数组:')
print (np.stack((a,b),0))
print ('\n')
print ('沿轴 1 堆叠两个数组:')
print (np.stack((a,b),1))
```

输出结果如下:

```
第一个数组:
[[1 2]
 [3 4]]
第二个数组:
[[5 6]
 [7 8]]
沿轴 0 堆叠两个数组:
[[[1 2]
  [3 4]]
 [[5 6]
  [7 8]]]
沿轴 1 堆叠两个数组:
[[[1 2]
  [5 6]]
 [[3 4]
  [7 8]]]
```

numpy.hstack()方法是 numpy.stack()函数的变体,通过堆叠来生成水平的单个数组。

实例:

```
import numpy as np
a = np.array([[1,2],[3,4]])
```

```
print ('第一个数组:')
print (a)
print ('\n')
b = np.array([[5,6],[7,8]])
print ('第二个数组:')
print (b)
print ('\n')
print ('水平堆叠:')
c = np.hstack((a,b))
print (c)
```

输出结果如下:

```
第一个数组:
[[1 2]
 [3 4]]
第二个数组:
[[5 6]
 [7 8]]
水平堆叠:
[[1 2 5 6]
 [3 4 7 8]]
```

numpy.vstack()也是numpy.stack()函数的变体,通过堆叠来生成竖直的单个数组。

```
import numpy as np
a = np.array([[1,2],[3,4]])
print ('第一个数组:')
print (a)
print ('\n')
b = np.array([[5,6],[7,8]])
print ('第二个数组:')
print (b)
print ('\n')
print ('竖直堆叠:')
c = np.vstack((a,b))
print (c)
```

输出结果如下:

```
第一个数组:
[[1 2]
 [3 4]]
第二个数组:
[[5 6]
 [7 8]]
竖直堆叠:
[[1 2]
 [3 4]
```

```
[5 6]
[7 8]]
```

10. numpy.split()

此函数用于数组切分,接受以下参数:

```
numpy.split(ary, indices_or_sections, axis)
```

- ary:被分割的输入数组。
- indices_or_sections:可以是整数,表明要由输入数组创建的等大小的子数组的数量。如果此参数是一维数组,则其元素表明要创建新子数组的点。
- axis:默认为 0。

实例:

```
import numpy as np
a = np.arange(9)
print ('第一个数组:')
print (a)
print ('\n')
print ('将数组分为三个大小相等的子数组:')
b = np.split(a,3)
print (b)
print ('\n')
print ('将数组在一维数组中表明的位置进行分割:')
b = np.split(a,[4,7])
print (b)
```

输出结果如下:

```
第一个数组:
[0 1 2 3 4 5 6 7 8]
将数组分为三个大小相等的子数组:
[array([0, 1, 2]), array([3, 4, 5]), array([6, 7, 8])]
将数组在一维数组中表明的位置进行分割:
[array([0, 1, 2, 3]), array([4, 5, 6]), array([7, 8])]
```

numpy.hsplit()是 numpy.split()函数的特例,其中轴为 1 表示水平分割,无论输入数组的维度是多少。

实例:

```
import numpy as np
a = np.arange(16).reshape(4,4)
print ('第一个数组:')
print (a)
print ('\n')
print ('水平分割:')
b = np.hsplit(a,2)
print (b)
print ('\n')
```

输出结果如下：

```
第一个数组：
[[ 0 1 2 3]
 [ 4 5 6 7]
 [ 8 9 10 11]
 [12 13 14 15]]
水平分割：
[array([[ 0, 1],
 [ 4, 5],
 [ 8, 9],
 [12, 13]]), array([[ 2, 3],
 [ 6, 7],
 [10, 11],
 [14, 15]])]
```

numpy. vsplit()也是 numpy. split()函数的特例，其中轴为 0 表示竖直分割，无论输入数组的维度是多少。

实例：

```
import numpy as np
a = np.arange(16).reshape(4,4)
print ('第一个数组：')
print (a)
print ('\n')
print ('竖直分割：')
b = np.vsplit(a,2)
```

输出结果如下：

```
第一个数组：
[[ 0 1 2 3]
 [ 4 5 6 7]
 [ 8 9 10 11]
 [12 13 14 15]]
竖直分割：
[array([[0, 1, 2, 3],
 [4, 5, 6, 7]]), array([[ 8, 9, 10, 11],
 [12, 13, 14, 15]])]
```

3.1.8 添加/删除元素

常见的 array 元素操作如表 3-17 所示。

表 3-17 array 元素操作

序号	操作及描述
1	resize()：返回指定形状的新数组

序号	操作及描述
2	append():将值添加到数组末尾
3	insert():沿指定轴将值插入指定下标之前
4	delete():返回删除某个轴的子数组的新数组
5	unique():寻找数组内的唯一元素

1. numpy. resize( )

此函数返回指定大小(形状)的新数组。如果新数组的大小大于原始数组的大小,则包含原始数组中的元素的重复副本。此函数接受以下参数:

```
numpy.resize(arr, shape)
```

- arr:要修改大小的输入数组。
- shape:返回数组的新形状。

实例:

```
import numpy as np
a = np.array([[1,2,3],[4,5,6]])
print ('第一个数组:')
print (a)
print ('\n')
print ('第一个数组的形状:')
print (a.shape)
print ('\n')
b = np.resize(a, (3,2))
print ('第二个数组:')
print (b)
print ('\n')
print ('第二个数组的形状:')
print (b.shape)
print ('\n')
# 以下要注意 a 的第一行元素在 b 中重复出现,因为尺寸变大了
print ('修改第二个数组的大小:')
b = np.resize(a,(3,3))
print (b)
```

输出结果如下:

```
第一个数组:
[[1 2 3]
 [4 5 6]]
第一个数组的形状:
(2, 3)
第二个数组:
[[1 2]
 [3 4]
```

[5 6]]
第二个数组的形状：
(3, 2)
修改第二个数组的大小：
[[1 2 3]
[4 5 6]
[1 2 3]]

2. numpy. append( )

此函数用于在输入数组的末尾添加值。附加操作不是原地的，而是分配新的数组。此外，输入数组的维度必须匹配，否则将生成 ValueError。此函数接受下列参数：

```
numpy. append(arr, values, axis)
```

- arr：输入数组。
- values：要向 arr 添加的值，需要和 arr 形状相同（除了要添加的轴）。
- axis：沿着此轴完成操作。如果没有提供，两个参数都会被展开。

实例：

```
import numpy as np
a = np.array([[1,2,3],[4,5,6]])
print ('第一个数组：')
print (a)
print ('\n')
print ('向数组添加元素：')
print (np.append(a, [7,8,9]))
print ('\n')
print ('沿轴 0 添加元素：')
print (np.append(a, [[7,8,9]],axis = 0))
print ('\n')
print ('沿轴 1 添加元素：')
print (np.append(a, [[5,5,5],[7,8,9]],axis = 1))
```

输出结果如下：

第一个数组：
[[1 2 3]
[4 5 6]]
向数组添加元素：
[1 2 3 4 5 6 7 8 9]
沿轴 0 添加元素：
[[1 2 3]
[4 5 6]
[7 8 9]]
沿轴 1 添加元素：
[[1 2 3 5 5 5]
[4 5 6 7 8 9]]

3. numpy. insert( )

此函数在给定索引之前,沿给定轴向输入数组插入值。如果要插入的值类型与数组的类型不同,则将值的类型转换为数组的类型。插入不是原地的,函数会返回一个新数组。此外,如果未提供轴,则输入数组会被展开。insert()函数接受以下参数:

```
numpy. insert(arr, obj, values, axis)
```

- arr:输入数组。
- obj:在其之前插入值的索引。
- values:要插入的值。
- axis:沿着此轴插入,如果未提供,则输入数组会被展开。

实例:

```
import numpy as np
a = np.array([[1,2],[3,4],[5,6]])
print ('第一个数组:')
print (a)
print ('\n')
print ('未传递 axis 参数,在插入之前输入数组会被展开。')
print (np. insert(a,3,[11,12]))
print ('\n')
print ('传递了 axis 参数,会广播值数组来匹配输入数组。')
print ('沿轴 0 广播:')
print (np. insert(a,1,[11],axis = 0))
print ('\n')
print ('沿轴 1 广播:')
print (np. insert(a,1,11,axis = 1))
```

输出结果如下:

```
第一个数组:
[[1 2]
 [3 4]
 [5 6]]
未传递 axis 参数,在插入之前输入数组会被展开。
[ 1  2  3 11 12  4  5  6]
传递了 axis 参数,会广播值数组来匹配输入数组。
沿轴 0 广播:
[[ 1  2]
 [11 11]
 [ 3  4]
 [ 5  6]]
沿轴 1 广播:
[[1 11  2]
 [3 11  4]
 [5 11  6]]
```

4. numpy. delete( )

此函数返回从输入数组中删除指定子数组的新数组。与 insert()函数的情况一样,如果未提供 axis 参数，则输入数组将被展开。此函数接受以下参数：

```
numpy.delete(arr, obj, axis)
```

- arr：输入数组。
- obj：可以被切片，整数或者整数数组，表明要从输入数组中删除的子数组。
- axis：沿着此轴删除给定子数组，如果未提供，则输入数组会被展开。

实例：

```
import numpy as np
a = np.arange(12).reshape(3,4)
print ('第一个数组：')
print (a)
print ('\n')
print ('未传递 axis 参数，在删除之前输入数组会被展开。')
print (np.delete(a,5))
print ('\n')
print ('删除第二列：')
print (np.delete(a,1,axis = 1))
print ('\n')
print ('包含从数组中删除的替代值的切片：')
a = np.array([1,2,3,4,5,6,7,8,9,10])
print (np.delete(a, np.s_[:,2]))
```

输出结果如下：

```
第一个数组：
[[ 0 1 2 3]
 [ 4 5 6 7]
 [ 8 9 10 11]]
未传递 axis 参数，在删除之前输入数组会被展开。
[ 0 1 2 3 4 6 7 8 9 10 11]
删除第二列：
[[ 0 2 3]
 [ 4 6 7]
 [ 8 10 11]]
包含从数组中删除的替代值的切片：
[ 2 4 6 8 10]
```

5．numpy．unique( )

此函数返回输入数组的去重元素数组。此函数能够返回一个元组，包含去重元素数组和相关索引的数组。索引的性质取决于函数调用中返回参数的类型。

```
numpy.unique(arr, return_index, return_inverse, return_counts)
```

- arr：输入数组，如果不是一维数组则会被展开。
- return_index：如果为 True，则返回输入数组中元素的下标。
- return_inverse：如果为 True，则返回去重数组中元素的下标，它可以用于重构输入数组。

- return_counts：如果为 True，则返回去重数组中的元素在原数组中的出现次数。

实例：

```python
import numpy as np
a = np.array([5,2,6,2,7,5,6,8,2,9])
print ('第一个数组：')
print (a)
print ('\n')
print ('第一个数组的去重值：')
u = np.unique(a)
print (u)
print ('\n')
print ('去重数组的索引数组：')
u,indices = np.unique(a, return_index = True)
print (indices)
print ('\n')
print ('我们可以看到每个和原数组下标对应的数值：')
print (a)
print ('\n')
print ('去重数组：')
u,indices = np.unique(a,return_inverse = True)
print (u)
print ('\n')
print ('原数组对应的下标为：')
print (indices)
print ('\n')
print ('使用下标重构原数组：')
print (u[indices])
print ('\n')
print ('返回去重元素的重复数量：')
u,indices = np.unique(a,return_counts = True)
print (u)
print (indices)
```

输出结果如下：

```
第一个数组：
[5 2 6 2 7 5 6 8 2 9]
第一个数组的去重值：
[2 5 6 7 8 9]
去重数组的索引数组：
[1 0 2 4 7 9]
我们可以看到每个和原数组下标对应的数值：
[5 2 6 2 7 5 6 8 2 9]
去重数组：
[2 5 6 7 8 9]
原数组对应的下标为：
```

```
[1 0 2 0 3 1 2 4 0 5]
```
使用下标重构原数组：
```
[5 2 6 2 7 5 6 8 2 9]
```
返回去重元素的重复数量：
```
[2 5 6 7 8 9]
[3 2 2 1 1 1]
```

3.1.9　字符串函数

表 3-18 所示的函数用于对 dtype 为 numpy.string_ 或 numpy.unicode_ 的数组执行向量化字符串操作，它们基于 Python 内置库中的标准字符串函数。

表 3-18　字符串函数

序号	函数及描述
1	add()：返回两个 str 或 Unicode 数组的逐个字符串连接
2	multiply()：返回按元素多重连接后的字符串
3	center()：返回给定字符串的副本，其中元素位于特定字符串的中央
4	capitalize()：返回给定字符串的副本，其中只有第一个字母大写
5	title()：返回字符串或 Unicode 的按元素标题转换版本
6	lower()：返回一个数组，其元素转换为小写
7	upper()：返回一个数组，其元素转换为大写
8	split()：返回字符串中的单词列表，并使用分隔符来分割
9	splitlines()：返回元素中的行列表，以换行符来分割
10	strip()：返回数组副本，其中元素移除了开头或者结尾处的特定字符
11	join()：返回一个字符串，它是序列中字符串的连接
12	replace()：返回字符串的副本，其中所有子字符串的出现位置都被新字符串取代
13	decode()：按元素调用 str.decode
14	encode()：按元素调用 str.encode

上述函数在字符数组类（numpy.char）中定义。较旧的 Numarray 包含 chararray 类。numpy.char 类中的上述函数在执行向量化字符串操作时非常有用。

1. numpy.char.add()

此函数用于执行按元素的字符串连接。

实例：

```
import numpy as np
print ('连接两个字符串：')
print (np.char.add(['hello'],[' xyz']))
print ('\n')
print ('连接示例：')
print (np.char.add(['hello','hi'],[' abc',' xyz']))
```

输出结果如下：

连接两个字符串：

```
['hello xyz']
```

连接示例：

```
['hello abc''hi xyz']
```

2. numpy. char. center( )

此函数返回所需宽度的数组，以便输入字符串位于中央，并使用 fillchar 在左侧和右侧进行填充。

实例：

```
import numpy as np
# np.char.center(arr, width,fillchar)
print (np.char.center('hello',20,fillchar = '*'))
```

输出结果如下：

```
*******hello********
```

3. numpy. char. capitalize( )

此函数返回字符串的副本，其中第一个字母大写。

实例：

```
import numpy as np
print (np.char.capitalize('hello world'))
```

输出结果如下：

```
Hello world
```

4. numpy. char. title( )

此函数返回输入字符串的按元素标题转换版本，其中每个单词的首字母都大写。

实例：

```
import numpy as np
print (np.char.title('hello how are you? '))
```

输出结果如下：

```
Hello How Are You?
```

5. numpy. char. lower( )

此函数返回一个数组，其元素转换为小写，它对每个元素调用 str. lower。

实例：

```
import numpy as np
print (np.char.lower(['HELLO','WORLD']))
print (np.char.lower('HELLO'))
```

输出结果如下：

```
['hello''world']
hello
```

6. numpy. char. upper( )

此函数返回一个数组,其元素转换为大写,它对每个元素调用 str. upper。

实例:

```
import numpy as np
print (np.char.upper('hello'))
print (np.char.upper(['hello','world']))
```

输出结果如下:

```
HELLO
['HELLO''WORLD']
```

7. numpy. char. split( )

此函数返回输入字符串中的单词列表。默认情况下,空格用作分隔符,否则,使用指定的分隔符来分割字符串。

实例:

```
import numpy as np
print (np.char.split ('hello how are you? '))
print (np.char.split ('TutorialsPoint,Hyderabad,Telangana', sep = ','))
```

输出结果如下:

```
['hello', 'how', 'are', 'you? ']
['TutorialsPoint', 'Hyderabad', 'Telangana']
```

8. numpy. char. splitlines( )

此函数返回输入字符串中的行列表,以换行符分割。

实例:

```
import numpy as np
print (np.char.splitlines('hello\nhow are you? '))
print (np.char.splitlines('hello\rhow are you? '))
```

输出结果如下:

```
['hello', 'how are you? ']
['hello', 'how are you? ']
```

9. numpy. char. strip( )

此函数返回数组的副本,其中元素移除了开头或结尾处的特定字符。

实例:

```
import numpy as np
print (np.char.strip('ashok arora','a'))
print (np.char.strip(['arora','admin','java'],'a'))
```

输出结果如下:

```
shok aror
['ror''dmin''jav']
```

10. numpy. char. join( )

此函数返回一个字符串,其中单个字符由特定的分隔符连接。

实例:

```
import numpy as np
print (np.char.join(':','dmy'))
print (np.char.join([':','-'],['dmy','ymd']))
```

输出结果如下:

```
d:m:y
['d:m:y''y-m-d']
```

11. numpy. char. replace( )

此函数返回字符串副本,其中所有子字符串出现的位置都被新字符串取代。

实例:

```
import numpy as np
print (np.char.replace ('He is a good boy','is','was'))
```

输出结果如下:

```
He was a good boy
```

12. numpy. char. encode( )

此函数对数组中的每个元素调用 str. encode( )函数。默认编码是 utf_8,可以使用标准 Python 库中的编解码器。

实例:

```
import numpy as np
a = np.char.encode('hello','cp500')
print (a)
```

输出结果如下:

```
\x88\x85\x93\x93\x96
```

13. numpy. char. decode( )

此函数在给定的字符串中使用特定编码调用 str. decode( )。

实例:

```
import numpy as np
a = np.char.encode('hello','cp500')
print (a)
print (np.char.decode(a,'cp500'))
```

输出结果如下:

```
\x88\x85\x93\x93\x96
hello
```

3.1.10 算术函数

很容易理解的是，NumPy 包含大量的数学运算功能。NumPy 提供标准的三角函数、算术运算的函数、复数处理函数等。

1. numpy.around( )

此函数返回四舍五入到所需精度的值，接受表 3-19 所示的参数。

```
numpy.around(a,decimals)
```

表 3-19   around( )函数的参数

序号	参数及描述
1	a：输入数组
2	decimals：要舍入的小数位数。默认值为 0，如果为负，整数将四舍五入到小数点左侧的位置

实例：

```
import numpy as np
a = np.array([1.0, 5.55, 123, 0.567, 25.532])
print ('原数组：')
print (a)
print ('\n')
print ('四舍五入后：')
print (np.around(a))
print (np.around(a, decimals = 1))
print (np.around(a, decimals = -1))
```

输出结果如下：

```
原数组：
[ 1. 5.55 123. 0.567 25.532]
四舍五入后：
[ 1. 6. 123. 1. 26. ]
[ 1. 5.6 123. 0.6 25.5]
[ 0. 10. 120. 0. 30. ]
```

2. numpy.floor( )

此函数返回不大于输入参数的最大整数，标量 x 的下限是最大的整数 i，使得 $i \leqslant x$。注意在 Python 中，数值向下取整总是从 0 舍入。

实例：

```
import numpy as np
a = np.array([-1.7, 1.5, -0.2, 0.6, 10])
print ('提供的数组：')
print (a)
print ('\n')
print ('修改后的数组：')
print (np.floor(a))
```

输出结果如下：

```
提供的数组:
[ - 1.7 1.5 - 0.2 0.6 10. ]
修改后的数组:
[ - 2. 1. - 1. 0. 10.]
```

3. numpy.ceil( )

ceil()函数返回输入值的上限,标量 x 的上限是最小的整数 i,使得 $i \geqslant x$。

实例：

```python
import numpy as np
a = np.array([-1.7, 1.5, -0.2, 0.6, 10])
print('提供的数组:')
print(a)
print('\n')
print('修改后的数组:')
print(np.ceil(a))
```

输出结果如下：

```
提供的数组:
[-1.7  1.5 - 0.2  0.6 10. ]
修改后的数组:
[-1.  2. - 0.  1. 10.]
```

4. 算术运算

用于执行算术运算〔如 add(),subtract(),multiply()和 divide()〕的输入数组必须具有相同的形状或符合数组广播规则。

实例：

```python
import numpy as np
a = np.arange(9, dtype = np.float_).reshape(3,3)
print('第一个数组:')
print(a)
print('\n')
print('第二个数组:')
b = np.array([10,10,10])
print(b)
print('\n')
print('两个数组相加:')
print(np.add(a,b))
print('\n')
print('两个数组相减:')
print(np.subtract(a,b))
print('\n')
print('两个数组相乘:')
print(np.multiply(a,b))
print('\n')
print('两个数组相除:')
print(np.divide(a,b))
```

输出结果如下：

```
第一个数组：
[[ 0. 1. 2.]
 [ 3. 4. 5.]
 [ 6. 7. 8.]]
第二个数组：
[10 10 10]
两个数组相加：
[[ 10. 11. 12.]
 [ 13. 14. 15.]
 [ 16. 17. 18.]]
两个数组相减：
[[ -10. -9. -8.]
 [ -7. -6. -5.]
 [ -4. -3. -2.]]
两个数组相乘：
[[ 0. 10. 20.]
 [ 30. 40. 50.]
 [ 60. 70. 80.]]
两个数组相除：
[[ 0. 0.1 0.2]
 [ 0.3 0.4 0.5]
 [ 0.6 0.7 0.8]]
```

下面讨论 NumPy 中提供的其他重要的算术函数。

- numpy.reciprocal()：返回参数逐元素的倒数。由于 Python 处理整数除法的方式，对于绝对值大于 1 的整数元素，结果始终为 0，对于整数 0，则发出溢出警告。
- numpy.power()：此函数将第一个输入数组中的元素作为底数，计算它与第二个输入数组中相应元素的幂。
- numpy.mod()：返回输入数组中相应元素的除法余数。

以下函数用于对含有复数的数组执行操作。

- numpy.real()：返回复数类型参数的实部。
- numpy.imag()：返回复数类型参数的虚部。
- numpy.conj()：返回通过改变虚部的符号而获得的共轭复数。
- numpy.angle()：返回复数参数的角度。函数的参数是 degree，如果为 True，则返回的角度以角度制来表示，否则以弧度制来表示。

3.1.11 统计函数

NumPy 有很多有用的统计函数，用于从数组中给定的元素中查找最小值、最大值、百分标准差和方差等。函数说明如下。

1. numpy.amin() 和 numpy.amax()

numpy.amin() 和 numpy.amax() 分别用于从给定数组中的元素中沿指定轴返回最小值

和最大值。

实例：

```
import numpy as np
a = np.array([[3,7,5],[8,4,3],[2,4,9]])
print ('我们的数组是：')
print (a)
print ('\n')
print ('调用 amin() 函数：')
print (np.amin(a, axis = 1))
print ('\n')
print ('再次调用 amin() 函数：')
print (np.amin(a, axis = 0))
print ('\n')
print ('调用 amax() 函数：')
print (np.amax(a))
print ('\n')
print ('再次调用 amax() 函数：')
print (np.amax(a, axis = 0))
```

输出结果如下：

```
我们的数组是：
[[3 7 5]
 [8 4 3]
 [2 4 9]]
调用 amin() 函数：
[3 3 2]
再次调用 amin() 函数：
[2 4 3]
调用 amax() 函数：
9
再次调用 amax() 函数：
[8 7 9]
```

2. numpy.ptp()

numpy.ptp()函数返回沿轴的值的范围（最大值－最小值）。

```
import numpy as np
a = np.array([[3,7,5],[8,4,3],[2,4,9]])
print ('我们的数组是：')
print (a)
print ('\n')
print ('调用 ptp() 函数：')
print (np.ptp(a))
print ('\n')
print ('沿轴 1 调用 ptp() 函数：')
print (np.ptp(a, axis = 1))
print ('\n')
```

```
print ('沿轴 0 调用 ptp() 函数;')
print (np.ptp(a, axis = 0))
```

输出结果如下：

```
我们的数组是：
[[3 7 5]
 [8 4 3]
 [2 4 9]]
调用 ptp() 函数：
7
沿轴 1 调用 ptp() 函数：
[4 5 7]
沿轴 0 调用 ptp() 函数：
[6 3 6]
```

3. numpy. percentile( )

百分位数是统计中使用的度量，表示小于某值的观察值所占百分比。此函数接受以下参数：

```
numpy. percentile(a, q, axis)
```

实例：

```
import numpy as np
a = np. array([[30,40,70],[80,20,10],[50,90,60]])
print ('我们的数组是；')
print (a)
print ('\n')
print ('调用 percentile() 函数；')
print (np. percentile(a,50))
print ('\n')
print ('沿轴 1 调用 percentile() 函数；')
print (np. percentile(a,50, axis = 1))
print ('\n')
print ('沿轴 0 调用 percentile() 函数；')
print (np. percentile(a,50, axis = 0))
```

输出结果如下：

```
我们的数组是：
[[30 40 70]
 [80 20 10]
 [50 90 60]]
调用 percentile() 函数：
50.0
沿轴 1 调用 percentile() 函数：
[ 40. 20. 60.]
沿轴 0 调用 percentile() 函数：
[ 50. 40. 60.]
```

4. numpy. median( )

中值定义为将数据样本的上半部分与下半部分分开的值。numpy. median( )函数的用法如下所示。

实例：

```
import numpy as np
a = np.array([[30,65,70],[80,95,10],[50,90,60]])
print ('我们的数组是：')
print (a)
print ('\n')
print ('调用 median() 函数：')
print (np.median(a))
print ('\n')
print ('沿轴 0 调用 median() 函数：')
print (np.median(a, axis = 0))
print ('\n')
print ('沿轴 1 调用 median() 函数：')
print (np.median(a, axis = 1))
```

输出结果如下：

```
我们的数组是：
[[30 65 70]
 [80 95 10]
 [50 90 60]]
调用 median() 函数：
65.0
沿轴 0 调用 median() 函数：
[ 50. 90. 60.]
沿轴 1 调用 median() 函数：
[ 65. 80. 60.]
```

5. numpy. mean( )

算术平均值等于沿轴的元素的总和除以元素的数量。numpy. mean( )函数返回数组中元素的算术平均值。如果提供了轴，则沿该轴计算。

实例：

```
import numpy as np
a = np.array([[1,2,3],[3,4,5],[4,5,6]])
print ('我们的数组是：')
print (a)
print ('\n')
print ('调用 mean() 函数：')
print (np.mean(a))
print ('\n')
print ('沿轴 0 调用 mean() 函数：')
print (np.mean(a, axis = 0))
```

```
print ('\n')
print ('沿轴 1 调用 mean() 函数:')
print (np.mean(a, axis = 1))
```

输出结果如下:

```
我们的数组是:
[[1 2 3]
 [3 4 5]
 [4 5 6]]
调用 mean() 函数:
3.66666666667
沿轴 0 调用 mean() 函数:
[ 2.66666667 3.66666667 4.66666667]
沿轴 1 调用 mean() 函数:
[ 2. 4. 5.]
```

6. numpy. average( )

加权平均值是由每个分量乘以反映其重要性的因子得到的平均值。numpy.average()函数根据在另一个数组中给出的各自的权重计算数组中元素的加权平均值。此函数可以接受一个轴参数,如果没有指定轴,则数组会被展开。

考虑数组[1,2,3,4]和相应的权重[4,3,2,1],通过将相应元素的乘积相加,并将得到的和除以权重的和,来计算加权平均值。加权平均值=$(1×4+2×3+3×2+4×1)/(4+3+2+1)$。

实例:

```
import numpy as np
a = np.array([1,2,3,4])
print ('我们的数组是:')
print (a)
print ('\n')
print ('调用 average() 函数:')
print (np.average(a))
print ('\n')
# 不指定权重时相当于 mean() 函数
wts = np.array([4,3,2,1])
print ('再次调用 average() 函数:')
print (np.average(a,weights = wts))
print ('\n')
# 如果 returned 参数设为 True,则返回权重的和
print ('权重的和:')
print (np.average([1,2,3,4],weights = [4,3,2,1], returned = True))
```

输出结果如下:

```
我们的数组是:
[1 2 3 4]
调用 average() 函数:
2.5
```

再次调用 average() 函数：
2.0
权重的和：
(2.0, 10.0)

在多维数组中，可以指定用于计算的轴。

实例：

```
import numpy as np
a = np.arange(6).reshape(3,2)
print ('我们的数组是：')
print (a)
print ('\n')
print ('修改后的数组：')
wt = np.array([3,5])
print (np.average(a, axis = 1, weights = wt))
print ('\n')
print ('修改后的数组：')
print (np.average(a, axis = 1, weights = wt, returned = True))
```

输出结果如下：

```
我们的数组是：
[[0 1]
[2 3]
[4 5]]
修改后的数组：
[ 0.625 2.625 4.625]
修改后的数组：
(array([ 0.625, 2.625, 4.625]), array([ 8., 8., 8.]))
```

7. numpy. std( )

标准差是各元素与均值的偏差的平方的平均值的平方根，标准差公式如下：

```
std = sqrt(mean((x - x.mean()) * * 2))
```

如果数组是[1,2,3,4]，则其平均值为 2.5，因此，偏差的平方是[2.25,0.25,0.25,2.25]，并且其平均值的平方根，即 sqrt(5/4)是 1.118 033 988 749 894 9。

实例：

```
import numpy as np
print (np.std([1,2,3,4]))
```

输出结果如下：

```
1.1180339887498949
```

8. numpy. var( )

方差是偏差的平方的平均值，即"mean((x−x.mean()) * * 2)"。换句话说，标准差是方差的平方根。

实例：

```
import numpy as np
print np.var([1,2,3,4])
```

输出结果如下：

```
1.25
```

3.1.12 排序、搜索和计数函数

NumPy 中提供了各种排序相关函数,这些排序函数实现不同的排序算法,每一种排序算法的特征在于执行速度、最坏情况性能、所需的工作空间和算法的稳定性。表 3-20 列出了三种排序算法的比较。

表 3-20 三种排序算法的比较

种类	速度	最坏情况	工作空间	稳定性
quicksort	1	$O(n^2)$	0	否
mergesort	2	$O(n\log(n))$	$-n/2$	是
heapsort	3	$O(n\log(n))$	0	否

1. numpy.sort()

sort()函数返回输入数组的排序副本,接受表 3-21 所示的参数。

```
numpy.sort(a, axis, kind, order)
```

表 3-21 sort()函数的参数

序号	参数及描述
1	a:要排序的数组
2	axis:沿着此轴排序数组,如果没有提供数组会被展开,并沿着最后的轴排序
3	kind:默认为'quicksort'(快速排序)
4	order:如果数组包含字段,则表示要排序的字段

实例：

```
import numpy as np
a = np.array([[3,7],[9,1]])
print('我们的数组是:')
print (a)
print ('\n')
print ('调用 sort() 函数:')
print (np.sort(a))
print ('\n')
print ('按列排序:')
print (np.sort(a, axis = 0))
print ('\n')
```

```
# 在 sort()函数中按字段排序
dt = np.dtype([('name', 'S10'),('age', int)])
a = np.array([("raju",21),("anil",25),("ravi", 17), ("amar",27)], dtype = dt)
print ('我们的数组是:')
print (a)
print ('\n')
print ('按 name 排序:')
print (np.sort(a, order = 'name'))
```

输出结果如下:

```
我们的数组是:
[[3 7]
 [9 1]]
调用 sort() 函数:
[[3 7]
 [1 9]]
按列排序:
[[3 1]
 [9 7]]
我们的数组是:
[('raju', 21) ('anil', 25) ('ravi', 17) ('amar', 27)]
按 name 排序:
[('amar', 27) ('anil', 25) ('raju', 21) ('ravi', 17)]
```

2. numpy. argsort( )

numpy. argsort()函数用于对输入数组沿给定轴执行间接排序,并使用指定排序类型返回数据的索引数组,这个索引数组用于构造排序后的数组。

实例:

```
import numpy as np
x = np.array([3, 1, 2])
print ('我们的数组是:')
print (x)
print ('\n')
print ('对 x 调用 argsort() 函数:')
y = np.argsort(x)
print (y)
print ('\n')
print ('以排序后的顺序重构原数组:')
print (x[y])
print ('\n')
print ('使用循环重构原数组:')
for i in y:
    print (x[i], end = " ")
```

输出结果如下:

我们的数组是：

[3 1 2]

对 x 调用 argsort() 函数：

[1 2 0]

以排序后的顺序重构原数组：

[1 2 3]

使用循环重构原数组：

1 2 3

3. numpy. lexsort( )

numpy. lexsort()函数用于对多个序列进行排序。把它想象成对电子表格进行排序，每一列代表一个序列，排序时优先照顾靠后的列。

函数使用键序列执行间接排序，键可以看作电子表格中的一列。该函数返回一个索引数组，使用它可以获得排序数据。注意，最后一个键恰好是 sort 的主键。

下面举一个应用场景：考试后，重点班按照总成绩录取学生。在总成绩相同时，数学成绩高的优先录取，在总成绩和数学成绩都相同时，英语成绩高的优先录取……其中，总成绩排在电子表格的最后一列，数学成绩在倒数第二列，英语成绩在倒数第三列。

实例：

```
import numpy as np
# 录入了四位同学的成绩,按照总成绩排序,总成绩相同时语文成绩高的优先
math    = (10, 20, 50, 10)
chinese = (30, 50, 40, 60)
total   = (40, 70, 90, 70)
# 将优先级高的项放在后面
ind = np.lexsort((math, chinese, total))
for i in ind:
    print(total[i],chinese[i],math[i])
```

输出结果如下：

```
40 30 10
70 50 20
70 60 10
90 40 50
```

4. numpy. argmax( ) 和 numpy. argmin( )

NumPy 模块中有一些用于在数组内搜索的函数，提供了用于找到最大值、最小值以及满足给定条件的元素的函数。numpy. argmax()和 numpy. argmin()函数分别沿给定轴返回最大元素和最小元素的索引。

实例：

```
import numpy as np
a = np.array([[30,40,70],[80,20,10],[50,90,60]])
print ('我们的数组是：')
print (a)
print ('\n')
```

```
print ('调用 argmax() 函数：')
print (np.argmax(a))
print ('\n')
print ('展开数组：')
print (a.flatten())
print ('\n')
print ('沿轴 0 的最大值索引：')
maxindex = np.argmax(a, axis = 0)
print (maxindex)
print ('\n')
print ('沿轴 1 的最大值索引：')
maxindex = np.argmax(a, axis = 1)
print (maxindex)
print ('\n')
print ('调用 argmin() 函数：')
minindex = np.argmin(a)
print (minindex)
print ('\n')
print ('展开数组中的最小值：')
print (a.flatten()[minindex])
print ('\n')
print ('沿轴 0 的最小值索引：')
minindex = np.argmin(a, axis = 0)
print (minindex)
print ('\n')
print ('沿轴 1 的最小值索引：')
minindex = np.argmin(a, axis = 1)
print (minindex)
```

输出结果如下：

```
我们的数组是：
[[30 40 70]
 [80 20 10]
 [50 90 60]]
调用 argmax() 函数：
7
展开数组：
[30 40 70 80 20 10 50 90 60]
沿轴 0 的最大值索引：
[1 2 0]
沿轴 1 的最大值索引：
[2 0 1]
调用 argmin() 函数：
5
展开数组中的最小值：
10
```

沿轴 0 的最小值索引：

[0 1 1]

沿轴 1 的最小值索引：

[0 2 0]

5. numpy. nonzero( )

numpy. nonzero()函数返回输入数组中非零元素的索引。

实例：

```
import numpy as np
a = np.array([[30,40,0],[0,20,10],[50,0,60]])
print ('我们的数组是：')
print (a)
print ('\n')
print ('调用 nonzero() 函数：')
print (np.nonzero (a))
```

输出结果如下：

```
我们的数组是：
[[30 40 0]
 [ 0 20 10]
 [50 0 60]]
调用 nonzero() 函数：
(array([0, 0, 1, 1, 2, 2]), array([0, 1, 1, 2, 0, 2]))
```

6. numpy. where( )

numpy. where()函数返回输入数组中满足给定条件的元素的索引。

实例：

```
import numpy as np
x = np.arange(9.).reshape(3, 3)
print ('我们的数组是：')
print (x)
print ('大于 3 的元素的索引：')
y = np.where(x >3)
print (y)
print ('使用这些索引来获取满足条件的元素：')
print (x[y])
```

输出结果如下：

```
我们的数组是：
[[0. 1. 2.]
 [3. 4. 5.]
 [6. 7. 8.]]
大于 3 的元素的索引：
(array([1, 1, 2, 2, 2]), array([1, 2, 0, 1, 2]))
使用这些索引来获取满足条件的元素：
[4. 5. 6. 7. 8.]
```

7. numpy. extract( )

numpy.extract()函数根据某个条件从数组中抽取元素,返回满足条件的元素。
实例:

```
import numpy as np
x = np.arange(9.).reshape(3, 3)
print ('我们的数组是:')
print (x)
# 定义条件,选择偶数元素
condition = np.mod(x,2) == 0
print ('按元素的条件值:')
print (condition)
print ('使用条件提取元素:')
print (np.extract(condition, x))
```

输出结果如下:

```
我们的数组是:
[[0. 1. 2.]
[3. 4. 5.]
[6. 7. 8.]]
按元素的条件值:
[[ True False True]
[False True False]
[ True False True]]
使用条件提取元素:
[0. 2. 4. 6. 8.]
```

3.1.13 线性代数

NumPy 包包含 numpy. linalg 模块,提供线性代数所需的所有功能。此模块中的一些重要功能如表 3-22 所示。

表 3-22 线性函数

序号	函数及描述
1	dot();两个数组的点积
2	vdot();两个向量的点积
3	inner();两个数组的内积
4	matmul();两个数组的矩阵积
5	linalg. det();数组的行列式
6	solve();求解线性矩阵方程
7	inv();寻找矩阵的乘法逆矩阵

1. numpy. dot( )

此函数返回两个数组的点积。对于二维向量,其等效于矩阵乘法。对于一维数组,它是向量的内积。对于 n 维数组，它是数组 a 的最后一个轴上的和与数组 b 的倒数第二个轴的乘积。

实例：

```
import numpy.matlib
import numpy as np
a = np.array([[1,2],[3,4]])
b = np.array([[11,12],[13,14]])
print (np.dot(a,b))
```

输出结果如下：

```
[[37 40]
 [85 92]]
```

要注意点积计算结果为：

$$[[1*11+2*13,\ 1*12+2*14],[3*11+4*13,\ 3*12+4*14]]$$

2. numpy. vdot( )

此函数返回两个向量的点积。如果第一个参数是复数，那么它的共轭复数会用于计算。如果参数 ID 是多维数组，那么它会被展开。

实例：

```
import numpy as np
a = np.array([[1,2],[3,4]])
b = np.array([[11,12],[13,14]])
print (np.vdot(a,b))
# 等价于 1 * 11 + 2 * 12 + 3 * 13 + 4 * 14 = 130
```

输出结果如下：

```
130
```

3. numpy. inner( )

此函数返回一维数组的向量内积。对于更高的维度，此函数返回最后一个轴上的和积。

实例：

```
import numpy as np
print (np.inner(np.array([1,2,3]),np.array([0,1,0])))
# 等价于 1 * 0 + 2 * 1 + 3 * 0
```

输出结果如下：

```
2
```

实例：

```
# 多维数组示例
import numpy as np
a = np.array([[1,2],[3,4]])
print ('数组 a:')
print (a)
```

```
b = np.array([[11, 12], [13, 14]])
print ('数组 b:')
print (b)
print ('内积:')
print (np.inner(a,b))
```

输出结果如下:

```
数组 a:
[[1 2]
 [3 4]]
数组 b:
[[11 12]
 [13 14]]
内积:
[[35 41]
 [81 95]]
```

上面的例子中,内积计算过程如下:

```
1 * 11 + 2 * 12, 1 * 13 + 2 * 14
3 * 11 + 4 * 12, 3 * 13 + 4 * 14
```

4. numpy. matmul( )

numpy. matmul()函数返回两个数组的矩阵乘积。虽然它返回二维数组的正常乘积,但如果任一参数的维数大于 2,则将其视为存在于最后两个索引的矩阵的栈,并进行相应广播。

另一方面,如果任一参数是一维数组,则通过在其维度上附加 1 来将其提升为矩阵,并在乘法之后被去除。

实例:

```
# 对于二维数组,它就是矩阵乘法
import numpy.matlib
import numpy as np
a = [[1,0],[0,1]]
b = [[4,1],[2,2]]
print (np.matmul(a,b))
```

输出结果如下:

```
[[4 1]
 [2 2]]
```

实例:

```
# 二维和一维运算
import numpy.matlib
import numpy as np
a = [[1,0],[0,1]]
b = [1,2]
print (np.matmul(a,b))
print (np.matmul(b,a))
```

输出结果如下：

```
[1 2]
[1 2]
```

实例：

```
# 维度大于 2 的数组
import numpy.matlib
import numpy as np
a = np.arange(8).reshape(2,2,2)
b = np.arange(4).reshape(2,2)
print (np.matmul(a,b))
```

输出结果如下：

```
[[[2 3]
[6 11]]
[[10 19]
[14 27]]]
```

5. numpy. linalg. det( )

行列式在线性代数中是非常有用的值,它由方阵的对角元素计算得到。对于 2×2 矩阵,它是左上和右下元素的乘积与其他两个元素的乘积的差。换句话说,对于矩阵 $[[a,b]$,$[c,d]]$,行列式计算公式为 $ad-bc$。较大的方阵被认为是 2×2 矩阵的组合。numpy. linalg. det() 函数用于计算输入矩阵的行列式。

实例：

```
import numpy as np
a = np.array([[1,2],[3,4]])
print (np.linalg.det(a))
```

输出结果如下：

```
-2.0
```

实例：

```
import numpy as np
b = np.array([[6,1,1],[4,-2,5],[2,8,7]])
print (b)
print (np.linalg.det(b))
print (6*(-2*7 - 5*8) - 1*(4*7 - 5*2) + 1*(4*8 - -2*2))
```

输出结果如下：

```
[[ 6 1 1]
[ 4 -2 5]
[ 2 8 7]]
-306.0
-306
```

6. numpy. linalg. solve( )

numpy. linalg. solve()函数给出了矩阵形式的线性方程的解。考虑以下线性方程：

$$\begin{cases} x+y+z=6 \\ 2y+5z=-4 \\ 2x+5y-z=27 \end{cases}$$

可以使用矩阵表示为

$$\begin{pmatrix} 1 & 1 & 1 \\ 0 & 2 & 5 \\ 2 & 5 & -1 \end{pmatrix} \begin{pmatrix} x \\ y \\ z \end{pmatrix} = \begin{pmatrix} 6 \\ -4 \\ 27 \end{pmatrix}$$

如果以上各矩阵成为 **A**、**X** 和 **B**，方程变为

$$AX=B$$

我们使用 numpy. linalg. inv()函数来计算矩阵的逆。矩阵的逆是这样的，如果它乘以原始矩阵，则得到单位矩阵。

实例：$X=A^{-1}B$。参考代码如下：

```
import numpy as np
x = np.array([[1,2],[3,4]])
y = np.linalg.inv(x)
print (x)
print (y)
print (np.dot(x,y))
```

输出结果如下：

```
[[1 2]
 [3 4]]
[[-2. 1. ]
 [ 1.5 -0.5]]
[[ 1.00000000e+00 1.11022302e-16]
 [ 0.00000000e+00 1.00000000e+00]]
```

上述线性方程的结果也可以使用下列函数获取：

```
import numpy as np
a = np.array([[1,1,1],[0,2,5],[2,5,-1]])
print ('数组 a:')
print (a)
ainv = np.linalg.inv(a)
print ('a 的逆:')
print (ainv)
print ('矩阵 b:')
b = np.array([[6],[-4],[27]])
print (b)
print ('计算:A^(-1)B:')
x = np.linalg.solve(a,b)
print (x)
# 这就是线性方程的解:x = 5,y = 3,z = -2
```

3.2 本章小结

通过本章的学习,我们了解了 Python NumPy 库的应用。NumPy 的全称是 Numerical Python,它是 Python 的一个扩展程序库,不仅针对数组运算提供了大量的函数库,还能够支持维度数组与矩阵运算。重要的是,NumPy 内部解除了 CPython 中的全局解释器锁(GIL),运行效率非常高,是处理大量数组类结构和机器学习框架的基础库。

我们掌握了 NumPy 的部分功能如下。

- 数组的创建。
- 数组的索引及切片。
- 数组的线性运算。
- 数组的变换。

NumPy 之于数值计算特别重要的原因之一是它可以高效处理大数组的数据,这是因为:

- NumPy 是在一个连续的内存块中存储数据,独立于其他 Python 内置对象。NumPy 的 C 语言编写的算法库可以操作内存,而不必进行类型检查或其他前期工作。比起 Python 的内置序列,NumPy 数组使用的内存更少。
- NumPy 可以在整个数组上执行复杂的计算,而不需要 Python 的 for 循环。

3.3 本章作业

1. 构造一个 5×5 全零的矩阵,并打印其占用的内存大小。
2. 随机构造一个 3×3 的矩阵,并打印其中的最大值与最小值。
3. 随机产生 5×5 数组,对一个 5×5 的矩阵的元素做归一化操作,并输出结果。
4. 随机产生数组,取值范围为 0~10,取出 50 个数,找到一个数组中最常出现的数字。

第 4 章

Python Pandas

4.1 Pandas 基础

Python Data Analysis Library(Pandas)是基于 NumPy 的一种工具,该工具是为了解决数据分析任务而创建的。Pandas 纳入了大量数据分析库和一些标准的数据模型,提供了高效地操作大型数据集所需的工具。Pandas 提供了大量快速便捷地处理数据的函数和方法,使 Python 成为强大而高效的数据分析环境。

Pandas 是 Python 的一个数据分析包,最初由 AQR Capital Management 于 2008 年 4 月开发,并于 2009 年年底开源出来,目前由专注于 Python 数据包开发的 PyData 开发小组继续开发和维护,属于 PyData 项目的一部分。Pandas 最初作为金融数据分析工具而开发出来,因此,Pandas 为时间序列分析提供了很好的支持。Pandas 的名称来自面板数据(Panel Data)和 Python 数据分析(Data Analysis)。Panel Data 是经济学中关于多维数据集的一个术语,Pandas 中也提供了 Panel 数据类型。

4.1.1 Pandas 模块安装

标准的 Python 发行版并没有将 Pandas 模块捆绑在一起发布。安装 Pandas 模块的一个轻量级的替代方法是使用流行的 Python 包安装程序 pip 来安装 NumPy。

因为 Pandas 是 Python 的第三方库,所以使用前需要安装,直接使用"pip install pandas"命令就会自动安装 Pandas 以及相关组件。

```
$ pip install pandas
```

有时我们可以使用国内的镜像加快安装速度,如使用清华大学的 Python 安装镜像。

```
$ pip install pandas - i https://pypi.tuna.tsinghua.edu.cn/simple
```

大多数用户安装 Pandas 最简单的方法是将其作为 Anaconda 发行版的一部分进行安装,这是一个用于数据分析和科学计算的跨平台分发。这是大多数用户推荐的安装方法。

4.1.2 Pandas 数据结构

Pandas 有两种自己独有的基本数据结构。读者应该注意的是,它固然有着两种独有的数据结构,但因为它是 Python 的一个库,所以 Python 中的数据类型在这里依然适用,同样可以使用类自己定义数据类型,只不过,Pandas 中又定义了两种数据类型:Series 和 DataFrame,它们让数据操作更简单了。

Pandas 可以处理以下三种数据结构:

- 系列(Series);
- 数据帧(DataFrame);
- 面板(Panel)。

这些数据结构构建在 NumPy 数组之上,这意味着它们很快。

1. 维数和描述

考虑这些数据结构的最好方法是,较高维数据结构是其较低维数据结构的容器。例如,DataFrame 是 Series 的容器,Panel 是 DataFrame 的容器。具体结构如表 4-1 所示。

表 4-1　Pandas 数据特点

数据结构	维数	描述
系列	1	1D 标记均匀数组,大小不变
数据帧	2	一般 2D 标记,表示大小可变的表结构与潜在的异质类型的列
面板	3	一般 3D 标记,表示大小可变的数组

构建和处理二维或更多维数组是一项烦琐的任务,用户在编写函数时要考虑数据集的方向,但是使用 Pandas 数据结构可减少用户的思考时间。例如,使用数据帧在语义上更有利于考虑索引(行)和列,而不是轴 0 和轴 1。

2. 可变性

所有 Pandas 数据结构是值可变的(可以更改),除了系列都是大小可变的。数据帧被广泛使用,是最重要的数据结构之一。面板的使用较少。

3. 系列

系列是具有均匀数据的一维数组结构。例如,图 4-1 所示的系列是整数 10,23,56,…的集合。

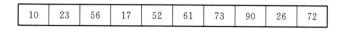

| 10 | 23 | 56 | 17 | 52 | 61 | 73 | 90 | 26 | 72 |

图 4-1　系列举例

关键点:

- 均匀数据;
- 尺寸大小不变;
- 数据的值可变。

4. 数据帧

数据帧是具有异构数据的二维数组，如表 4-2 所示。

表 4-2　销售数据

姓名	年龄	性别	等级
Maxsu	25	男	4.45
Katie	34	女	2.78
Vina	46	女	3.9
Lia	38	女	4.6

表 4-2 所示为具有整体绩效评级组织的销售团队的数据，数据以行和列表示，每列表示一个属性，每行代表一个人。

表 4-2 所示数据帧中四列的数据类型如表 4-3 所示。

表 4-3　列数据类型

列	类型
姓名	字符串
年龄	整型
性别	字符串
等级	浮点型

关键点：

- 异构数据；
- 大小可变；
- 数据可变。

5. 面板

面板是具有异构数据的三维数据结构。在图形表示中很难表示面板，但是一个面板可以说明为数据帧的容器。

关键点：

- 异构数据；
- 大小可变；
- 数据可变。

4.1.3　系列

系列（Series）是能够保存任何类型的数据（整数、字符串、浮点数、Python 对象等）的一维标记数组。轴标签统称为索引。

系列可以使用以下构造函数创建：

```
pandas.Series( data, index, dtype, copy)
```

pandas.Series()构造函数的参数如表 4-4 所示。

表 4-4 Series( )函数的参数

序号	参数	描述
1	data	数据采取各种形式,如 ndarray,list,constant
2	index	索引值必须是唯一的和散列的,与数据的长度相同。如果没有传递索引值,则默认为 np. arange(n)
3	dtype	dtype 用于说明数据类型。如果没有,将推断数据类型
4	copy	复制数据,默认为 False

1. 创建系列

可以使用各种输入创建一个系列,如:

- 数组;
- 字典;
- 标量值或常数。

(1) 创建一个空系列

创建基本系列是空系列。

实例:

```
import pandas as pd
s = pd.Series()
print (s)
```

执行以上代码,得到以下结果:

```
Series([], dtype: float64)
```

(2) 从 ndarray 创建一个系列

如果数据是 ndarray,则传递的索引必须具有相同的长度。如果没有传递索引值,那么默认的索引将是范围 np. arange(n),其中 n 是数组长度,即[0,1,2,3,…,len(data)−1]。

实例 1:

```
import pandas as pd
import numpy as np
data = np.array(['a','b','c','d'])
s = pd.Series(data)
print (s)
```

执行以上代码,得到以下结果:

```
0    a
1    b
2    c
3    d
dtype: object
```

这里没有传递任何索引值,因此默认情况下,它分配了从 0 到 len(data)−1 的索引,即 0 到 3。

实例 2：

```
import pandas as pd
import numpy as np
data = np.array(['a','b','c','d'])
s = pd.Series(data,index = [100,101,102,103])
print(s)
```

执行以上代码，得到以下结果：

```
100   a
101   b
102   c
103   d
dtype: object
```

在这里传递了索引值，因此可以在输出中看到自定义的索引值。

（3）从字典创建一个系列

字典（dict）可以作为输入传递，如果没有指定索引，则按排序顺序取得字典键以构造索引，如果传递了索引，则与索引对应的数据将被拉出。

实例 1：

```
import pandas as pd
import numpy as np
data = {'a': 0.,'b': 1.,'c': 2.}
s = pd.Series(data)
print (s)
```

执行以上代码，得到以下结果：

```
a 0.0
b 1.0
c 2.0
dtype: float64
```

注意　字典键用于构建索引。

实例 2：

```
import pandas as pd
import numpy as np
data = {'a': 0.,'b': 1.,'c': 2.}
s = pd.Series(data,index = ['b','c','d','a'])
print (s)
```

执行以上代码，得到以下结果：

```
b 1.0
c 2.0
d NaN
a 0.0
dtype: float64
```

注意 索引顺序保持不变,缺少的元素使用 NaN(不是数字)填充。

(4) 从标量创建一个系列

如果数据是标量值,则必须提供索引。将重复该值以匹配索引的长度。

实例:

```
import pandas as pd
import numpy as np
s = pd.Series(5, index = [0, 1, 2, 3])
print (s)
```

执行以上代码,得到以下结果:

```
0  5
1  5
2  5
3  5
dtype: int64
```

2. 从具有位置的系列中访问数据

系列中的数据可以使用类似于访问 ndarray 中数据的方式来访问。

实例 1:

检索第一个元素,如已经知道数组从零开始计数,第一个元素存储在零位置,等等。

```
import pandas as pd
s = pd.Series([1,2,3,4,5],index = ['a','b','c','d','e'])
#输出第一个元素
print(s[0])
```

执行以上代码,得到以下结果:

```
1
```

实例 2:

检索系列中的前三个元素。如果冒号被插入某索引前面,则该索引之前的所有元素将被提取。如果使用两个参数(使用它们之间),则将提取两个索引之间的元素(不包括停止索引)。

```
import pandas as pd
s = pd.Series([1,2,3,4,5],index = ['a','b','c','d','e'])
#输出前三个元素
print(s[:3])
```

执行以上代码,得到以下结果:

```
a  1
b  2
c  3
dtype: int64
```

实例 3：

检索最后三个元素，参考以下代码。

```
import pandas as pd
s = pd.Series([1,2,3,4,5],index = ['a','b','c','d','e'])
#输出末尾三个元素
print (s[-3:])
```

执行以上代码，得到以下结果：

```
c   3
d   4
e   5
dtype：int64
```

3. 使用标签检索数据（索引）

一个系列就像一个大小固定的字典，可以通过索引标签获取和设置值。

实例 1：

使用索引标签值检索单个元素。

```
import pandas as pd
s = pd.Series([1,2,3,4,5],index = ['a','b','c','d','e'])
#输出单个元素
print (s['a'])
```

执行以上代码，得到以下结果：

```
1
```

实例 2：

使用索引标签值列表检索多个元素。

```
import pandas as pd
s = pd.Series([1,2,3,4,5],index = ['a','b','c','d','e'])
#输出指定的多个元素
print (s[['a','c','d']])
```

执行以上代码，得到以下结果：

```
a   1
c   3
d   4
dtype：int64
```

实例 3：

如果不包含指定的标签，则会出现异常。

```
import pandas as pd
s = pd.Series([1,2,3,4,5],index = ['a','b','c','d','e'])
#输出指定的元素
print (s['f'])
```

执行以上代码,得到以下结果:

```
...
KeyError:'f'
```

4.1.4 数据帧

数据帧(DataFrame)是二维数据结构,即数据以行和列的表格方式排列。数据帧的功能特点如下:

- 潜在的列是不同的类型;
- 大小可变;
- 标记轴(行和列);
- 可以对行和列执行算术运算。

1. 结构体

假设要创建一个包含学生数据的数据帧,可参考图 4-2。

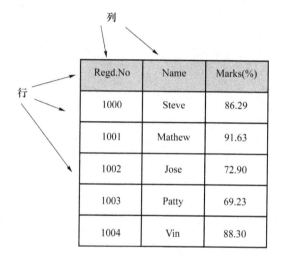

图 4-2 学生数据

可以将图 4-2 视为 SQL 表或电子表格数据表示。

2. pandas. DataFrame( )

Pandas 中的 DataFrame 可以使用以下构造函数创建:

```
pandas.DataFrame( data, index, columns, dtype, copy)
```

pandas. DataFrame()构造函数的参数如表 4-5 所示。

表 4-5 DataFrame()函数的参数

序号	参数	描述
1	data	数据采取各种形式,如 ndarray,series,map,list,dict,constant 和另一个 DataFrame
2	index	对于行标签,如果没有传递索引值,则要用于结果帧的索引可选缺省值 np. arange(n)
3	columns	对于列标签,如果没有传递索引值,则可选的默认语法是 np. arange(n)
4	dtype	每列的数据类型
5	copy	用于复制数据,默认值为 False

3. 创建 DataFrame

DataFrame 可以使用各种输入创建,如:

- 列表;
- 字典;
- 系列;
- NumPy ndarrays;
- 另一个 DataFrame。

(1) 创建一个空的 DataFrame

创建基本数据帧是空数据帧。

实例:

```
import pandas as pd
df = pd.DataFrame()
print (df)
```

执行以上代码,得到以下结果:

```
Empty DataFrame
Columns: []
Index: []
```

(2) 从列表创建 DataFrame

可以使用单个列表或列表列表创建 DataFrame。

实例 1:

```
import pandas as pd
data = [1,2,3,4,5]
df = pd.DataFrame(data)
print(df)
```

执行以上代码,得到以下结果:

```
     0
0    1
1    2
2    3
3    4
4    5
```

实例 2:

```
import pandas as pd
data = [['Alex',10],['Bob',12],['Clarke',13]]
df = pd.DataFrame(data,columns = ['Name','Age'])
print(df)
```

执行以上代码,得到以下结果:

```
      Name    Age
0     Alex    10
1     Bob     12
2     Clarke  13
```

实例 3：

```
import pandas as pd
data = [['Alex',10],['Bob',12],['Clarke',13]]
df = pd.DataFrame(data,columns = ['Name','Age'],dtype = float)
print(df)
```

执行以上代码，得到以下结果：

```
      Name    Age
0     Alex    10.0
1     Bob     12.0
2     Clarke  13.0
```

注意　可以观察到，dtype 参数将 Age 列的数据类型更改为浮点型。

（3）从 ndarray/list 的字典来创建 DataFrame

所有的 ndarray 必须具有相同的长度。如果传递了索引(index)，则索引的长度应等于数组的长度。如果没有传递索引，则在默认情况下，索引将为 range(n)，其中 n 为数组长度。

实例 1：

```
import pandas as pd
data = {'Name':['Tom','Jack','Steve','Ricky'],'Age':[28,34,29,42]}
df = pd.DataFrame(data)
print (df)
```

执行以上代码，得到以下结果：

```
      Age    Name
0     28     Tom
1     34     Jack
2     29     Steve
3     42     Ricky
```

注意　观察值 0,1,2,3，它们是分配的默认索引。

实例 2：

使用数组创建索引的 DataFrame。

```
import pandas as pd
data = {'Name':['Tom','Jack','Steve','Ricky'],'Age':[28,34,29,42]}
df = pd.DataFrame(data, index = ['rank1','rank2','rank3','rank4'])
print(df)
```

执行以上代码，得到以下结果：

```
        Age      Name
rank1   28       Tom
rank2   34       Jack
rank3   29       Steve
rank4   42       Ricky
```

注意 index 参数为每行分配一个索引。

（4）从字典列表创建 DataFrame

字典列表可作为输入数据来创建 DataFrame,字典键默认为列名。

实例 1：

通过传递字典列表来创建 DataFrame。

```
import pandas as pd
data = [{'a': 1, 'b': 2}, {'a': 5, 'b': 10, 'c': 20}]
df = pd.DataFrame(data)
print (df)
```

执行以上代码,得到以下结果：

```
    a    b    c
0   1    2    NaN
1   5    10   20.0
```

注意 观察到,NaN(不是数字)被附加在缺失的区域。

实例 2：

通过传递字典列表和行索引来创建 DataFrame。

```
import pandas as pd
data = [{'a': 1, 'b': 2}, {'a': 5, 'b': 10, 'c': 20}]
df = pd.DataFrame(data, index = ['first', 'second'])
print (df)
```

执行以上代码,得到以下结果：

```
         a    b    c
first    1    2    NaN
second   5    10   20.0
```

实例 3：

使用字典、行索引和列索引列表创建 DataFrame。

```
import pandas as pd
data = [{'a': 1, 'b': 2}, {'a': 5, 'b': 10, 'c': 20}]
#指定索引和列名
df1 = pd.DataFrame(data, index = ['first', 'second'], columns = ['a', 'b'])
#指定索引和列名,和前面的列名区分开
df2 = pd.DataFrame(data, index = ['first', 'second'], columns = ['a', 'b1'])
print (df1)
print (df2)
```

执行以上代码,得到以下结果:

```
# df1 output
        a   b
first   1   2
second  5   10
# df2 output
        a   b1
first   1   NaN
second  5   NaN
```

注意 df2 使用字典键以外的列索引创建 DataFrame,因此附加了 NaN 到相应位置上。而 df1 使用的列索引与字典键相同。

（5）从字典的系列创建 DataFrame

字典的系列可以传递以形成一个 DataFrame,所得到的索引是通过的所有系列索引的并集。

实例:

```
import pandas as pd
d = {'one':pd.Series([1, 2, 3], index = ['a', 'b', 'c']),
     'two':pd.Series([1, 2, 3, 4], index = ['a', 'b', 'c', 'd'])}
df = pd.DataFrame(d)
print (df)
```

执行以上代码,得到以下结果:

```
     one    two
a    1.0    1
b    2.0    2
c    3.0    3
d    NaN    4
```

注意 对于第一个系列,观察到没有传递标签 d,但在结果中,对标签 d 附加了 NaN。

4. 列选择、添加和删除

（1）列选择

下面将从 DataFrame 中选择一列。

实例:

```
import pandas as pd
d = {'one' : pd.Series([1, 2, 3], index = ['a', 'b', 'c']),
     'two' : pd.Series([1, 2, 3, 4], index = ['a', 'b', 'c', 'd'])}
df = pd.DataFrame(d)
print(df ['one'])
```

执行以上代码,得到以下结果:

```
a     1.0
b     2.0
c     3.0
d     NaN
Name: one, dtype: float64
```

（2）列添加

下面将通过向现有 DataFrame 添加一个新列来理解列添加。

实例：

```
import pandas as pd
d = {'one':pd.Series([1, 2, 3], index = ['a','b','c']),
     'two':pd.Series([1, 2, 3, 4], index = ['a','b','c','d'])}
df = pd.DataFrame(d)
# 添加新的一列
print ("添加一个 Series 列：")
df['three'] = pd.Series([10,20,30],index = ['a','b','c'])
print (df)
print ("合并 DataFrame 输出：")
df['four'] = df['one'] + df['three']
print (df)
```

执行以上代码，得到以下结果：

```
添加一个 Series 列：
     one    two    three
a    1.0    1      10.0
b    2.0    2      20.0
c    3.0    3      30.0
d    NaN    4      NaN
合并 DataFrame 输出：
     one    two    three    four
a    1.0    1      10.0     11.0
b    2.0    2      20.0     22.0
c    3.0    3      30.0     33.0
d    NaN    4      NaN      NaN
```

（3）列删除

列可以删除或弹出，如下所示。

实例：

```
import pandas as pd
d = {'one': pd.Series([1, 2, 3], index = ['a','b','c']),
     'two': pd.Series([1, 2, 3, 4], index = ['a','b','c','d']),
     'three': pd.Series([10,20,30], index = ['a','b','c'])}
df = pd.DataFrame(d)
```

```
print (我们的 DataFrame 是:")
print(df)
#使用删除函数
print ("使用删除函数删除第一列:")
del df['one']
print (df)
#使用出栈函数
print ("使用出栈函数删除一列:")
df.pop('two')
print (df)
```

执行以上代码,得到以下结果:

```
我们的 DataFrame 是:
     one    three   two
a    1.0    10.0    1
b    2.0    20.0    2
c    3.0    30.0    3
d    NaN    NaN     4
使用删除函数删除第一列:
     three  two
a    10.0   1
b    20.0   2
c    30.0   3
d    NaN    4
使用出栈函数删除一列:
     three
a    10.0
b    20.0
c    30.0
d    NaN
```

5. 行选择、添加和删除

(1) 标签选择

可以通过将行标签传递给 loc()函数来选择行。

实例:

```
import pandas as pd
d = {'one': pd.Series([1, 2, 3], index = ['a', 'b', 'c']),
     'two': pd.Series([1, 2, 3, 4], index = ['a', 'b', 'c', 'd'])}
df = pd.DataFrame(d)
print (df.loc['b'])
```

执行以上代码,得到以下结果:

```
one 2.0
two 2.0
Name: b, dtype: float64
```

上述结果中是一系列标签作为 DataFrame 的列名称，而且系列的名称是检索的标签。

（2）按整数位置选择

可以通过将整数位置传递给 iloc() 函数来选择行。

实例：

```
import pandas as pd
d = {'one' : pd.Series([1, 2, 3], index = ['a', 'b', 'c']),
     'two' : pd.Series([1, 2, 3, 4], index = ['a', 'b', 'c', 'd'])}
df = pd.DataFrame(d)
print (df.iloc[2])
```

执行以上代码，得到以下结果：

```
one    3.0
two    3.0
Name: c, dtype: float64
```

（3）行切片

可以使用冒号（:）运算符选择多行。

实例：

```
import pandas as pd
d = {'one' : pd.Series([1, 2, 3], index = ['a', 'b', 'c']),
     'two' : pd.Series([1, 2, 3, 4], index = ['a', 'b', 'c', 'd'])}
df = pd.DataFrame(d)
print (df[2:4])
```

执行以上代码，得到以下结果：

```
     one    two
c    3.0    3
d    NaN    4
```

（4）添加行

使用 append() 函数将新行添加到 DataFrame。此功能将附加行结束。

实例：

```
import pandas as pd
df = pd.DataFrame([[1, 2], [3, 4]], columns = ['a', 'b'])
df2 = pd.DataFrame([[5, 6], [7, 8]], columns = ['a', 'b'])
df = df.append(df2)
print (df)
```

执行以上代码，得到以下结果：

```
     a    b
0    1    2
1    3    4
0    5    6
1    7    8
```

（5）删除行

使用索引标签从 DataFrame 中删除行。如果标签重复,则会删除多行。可以发现,在上一部分的实例中,有标签是重复的,下面观察在上述情况下有多少行被删除。

实例:

```
import pandas as pd
df = pd.DataFrame([[1, 2], [3, 4]], columns = ['a','b'])
df2 = pd.DataFrame([[5, 6], [7, 8]], columns = ['a','b'])
df = df.append(df2)
#通过标签进行数据删除
df = df.drop(0)
print(df)
```

执行以上代码,得到以下结果:

```
   a  b
1  3  4
1  7  8
```

在上面的例子中,一共有两行被删除,因为这两行包含相同的标签 0。

4.1.5 面板

面板(Panel)是 3D 容器的数据。面板数据一词来源于计量经济学,部分源于名称 Pandas——pan(el)-da(ta)-s。

3 轴(axis)这个名称旨在给出描述涉及面板数据的操作的一些语义。它们是:

- items:axis 0,每个项目对应于内部包含的 DataFrame。
- major_axis:axis 1,它是每个 DataFrame 的索引(行)。
- minor_axis:axis 2,它是每个 DataFrame 的列。

1. pandas. Panel( )

可以使用以下构造函数创建面板:

```
pandas.Panel(data, items, major_axis, minor_axis, dtype, copy)
```

pandas. Panel()构造函数的参数如表 4-6 所示。

表 4-6 Panel( )函数的参数

参数	描述
data	数据采取各种形式,如 ndarray,series,map,list,dict,constant 和另一个 DataFrame
items	axis＝0
major_axis	axis＝1
minor_axis	axis＝2
dtype	每列的数据类型
copy	复制数据,默认为 False

2. 创建面板

可以使用多种方式创建面板：

- 从 ndarray 创建；
- 从 DataFrame 的字典创建。

（1）从 3D ndarray 创建面板

实例：

```
import pandas as pd
import numpy as np
data = np.random.rand(2,4,5)
p = pd.Panel(data)
print(p)
```

执行以上代码，得到以下结果：

```
<class 'pandas.core.panel.Panel'>
Dimensions：2 (items) x 4 (major_axis) x 5 (minor_axis)
Items axis：0 to 1
Major_axis axis：0 to 3
Minor_axis axis：0 to 4
```

注意 观察空面板和上面板的尺寸大小，所有对象都不同。

（2）从 DataFrame 对象的字典创建面板

实例：

```
import pandas as pd
import numpy as np
data = {'Item1'：pd.DataFrame(np.random.randn(4, 3)),
        'Item2'：pd.DataFrame(np.random.randn(4, 2))}
p = pd.Panel(data)
print(p)
```

执行以上代码，得到以下结果：

```
<class 'pandas.core.panel.Panel'>
Dimensions：2 (items) x 4 (major_axis) x 5 (minor_axis)
Items axis：0 to 1
Major_axis axis：0 to 3
Minor_axis axis：0 to 4
```

（3）创建一个空面板

可以使用 Panel 的构造函数创建一个空面板。

实例：

```
import pandas as pd
p = pd.Panel()
print(p)
```

执行以上代码,得到以下结果:

```
<class 'pandas.core.panel.Panel'>
Dimensions: 0 (items) x 0 (major_axis) x 0 (minor_axis)
Items axis: None
Major_axis axis: None
Minor_axis axis: None
```

3. 从面板中选择数据

要从面板中选择数据,可以使用以下方式:

- items;
- major_axis;
- minor_axis。

(1) 使用 items

实例:

```
import pandas as pd
import numpy as np
data = {'Item1' : pd.DataFrame(np.random.randn(4, 3)),
        'Item2' : pd.DataFrame(np.random.randn(4, 2))}
p = pd.Panel(data)
print (p['Item1'])
```

执行以上代码,得到以下结果:

```
          0          1          2
0   0.488224  -0.128637   0.930817
1   0.417497   0.896681   0.576657
2  -2.775266   0.571668   0.290082
3  -0.400538  -0.144234   1.110535
```

上面的例子中有两个数据项,这里只检索 Item1。结果是具有 4 行和 3 列的 DataFrame,它们是 major_axis 和 minor_axis 维。

(2) 使用 major_axis()方法

可以使用 panel. major_axis(index)方法访问数据。

实例:

```
import pandas as pd
import numpy as np
data = {'Item1' : pd.DataFrame(np.random.randn(4, 3)),
        'Item2' : pd.DataFrame(np.random.randn(4, 2))}
p = pd.Panel(data)
print (p.major_xs(1))
```

执行以上代码,得到以下结果:

```
          Item1          Item2
0       0.417497       0.748412
1       0.896681     - 0.557322
2       0.576657            NaN
```

（3）使用 minor_axis()方法

可以使用 panel. minor_axis(index)方法访问数据。

实例:

```
import pandas as pd
import numpy as np
data = {'Item1': pd.DataFrame(np.random.randn(4, 3)),
        'Item2': pd.DataFrame(np.random.randn(4, 2))}
p = pd.Panel(data)
print (p.minor_xs(1))
```

执行以上代码,得到以下结果:

```
          Item1          Item2
0     - 0.128637     - 1.047032
1       0.896681     - 0.557322
2       0.571668       0.431953
3     - 0.144234       1.302466
```

注意 观察尺寸大小的变化。

4.1.6 Pandas 常见功能

到目前为止,我们了解了三种 Pandas 数据结构以及如何创建它们。接下来将继续关注 DataFrame 对象,因为它在实时数据处理中非常重要,并且还将讨论其他数据结构。

1. 系列的基本功能

系列对象常见的属性或方法如表 4-7 所示。

表 4-7 系列对象常见的属性或方法

序号	属性或方法	描述
1	axes	返回行轴标签列表
2	dtype	返回对象的数据类型(dtype)
3	empty	如果系列为空,则返回 True
4	ndim	返回底层数据的维数,默认定义:1
5	size	返回基础数据中的元素数
6	values	将系列作为 ndarray 返回
7	head()	返回前 n 行
8	tail()	返回最后 n 行

下面创建一个系列并演示如何使用上述属性和方法。

实例：

```
import pandas as pd
import numpy as np
#创建 4 个随机数值
s = pd.Series(np.random.randn(4))
print (s)
```

执行以上代码，得到以下结果：

```
0    0.967853
1  - 0.148368
2  - 1.395906
3  - 1.758394
dtype: float64
```

• axes 属性实例：

返回系列的标签列表。

```
import pandas as pd
import numpy as np
#创建 4 个随机数值
s = pd.Series(np.random.randn(4))
print ("行轴索引是:")
print (s.axes)
```

执行以上代码，得到以下结果：

```
行轴索引是:
[RangeIndex(start = 0, stop = 4, step = 1)]
```

上述结果是从 0 到 5 的值列表的紧凑格式，即[0,1,2,3,4]。

• empty 属性实例：

返回布尔值，表示对象是否为空。返回 True 则表示对象为空。

```
import pandas as pd
import numpy as np
#创建 4 个随机数值
s = pd.Series(np.random.randn(4))
print ("对象是否为空?")
print (s.empty)
```

执行以上代码，得到以下结果：

```
对象是否为空?
False
```

• ndim 属性实例：

返回对象的维数。根据定义，一个系列是一个一维数据结构。

```
import pandas as pd
import numpy as np
# 创建 4 个随机数值
s = pd.Series(np.random.randn(4))
print(s)
print("对象的维数是:")
print(s.ndim)
```

执行以上代码,得到以下结果:

```
0    0.175898
1    0.166197
2   - 0.609712
3   - 1.377000
dtype: float64
对象的维数是:
1
```

- size 属性实例:

返回系列的大小(长度)。

```
import pandas as pd
import numpy as np
# 创建 2 个随机数值
s = pd.Series(np.random.randn(2))
print(s)
print("对象的大小是:")
print(s.size)
```

执行以上代码,得到以下结果:

```
0    3.078058
1   - 1.207803
dtype: float64
对象的大小是:
2
```

- values 属性实例:

以数组形式返回系列中的实际数据值。

```
import pandas as pd
import numpy as np
# 创建 4 个随机数值
s = pd.Series(np.random.randn(4))
print(s)
print("实际数据系列是:")
print(s.values)
```

执行以上代码,得到以下结果:

```
0   1.787373
1  - 0.605159
2   0.180477
3  - 0.140922
dtype: float64
实际数据系列是:
[ 1.78737302 - 0.60515881 0.18047664 - 0.1409218 ]
```

* head()和 tail()方法实例:

要查看 Series 或 DataFrame 对象的小样本,请使用 head()和 tail()方法。

head()返回前 n 行(观察索引值),要显示的元素的默认数量为 5,但可以传递自定义的数值。

```
import pandas as pd
import numpy as np
#创建4个随机数值
s = pd.Series(np.random.randn(4))
print ("原系列是:")
print (s)
print ("系列的前两行是:")
print (s.head(2))
```

执行以上代码,得到以下结果:

```
原系列是:
0   0.720876
1  - 0.765898
2   0.479221
3  - 0.139547
dtype: float64
系列的前两行是:
0   0.720876
1  - 0.765898
dtype: float64
```

tail()返回最后 n 行(观察索引值),要显示的元素的默认数量为 5,但可以传递自定义的数值。

```
import pandas as pd
import numpy as np
#创建 4 个随机数值
s = pd.Series(np.random.randn(4))
print ("原系列是:")
print (s)
print ("系列的最后两行是:")
print (s.tail(2))
```

执行以上代码,得到以下结果:

```
原系列是:
0   - 0.655091
1   - 0.881407
2   - 0.608592
3   - 2.341413
dtype:float64
系列的最后两行是:
2   - 0.608592
3   - 2.341413
dtype:float64
```

2. DataFrame 的基本功能

DataFrame 对象的重要属性或方法如表 4-8 所示。

表 4-8　DataFrame 对象的重要属性或方法

序号	属性或方法	描述
1	T	转置行和列
2	axes	返回一个列,行轴标签和列轴标签作为唯一的成员
3	dtypes	返回此对象中的数据类型(dtypes)
4	empty	如果 NDFrame 完全为空(无项目),或任何轴的长度为 0,则返回 True
5	ndim	轴/数组维度大小
6	shape	返回表示 DataFrame 的维度的元组
7	size	NDFrame 中的元素数
8	values	NDFrame 的 NumPy 表示
9	head()	返回前 n 行
10	tail()	返回最后 n 行

下面创建一个 DataFrame 并演示如何使用上述属性和方法。

实例:

```python
import pandas as pd
import numpy as np
#创建一个字典类型 Series
d = {'Name':pd.Series(['Tom','James','Ricky','Vin','Steve','Minsu','Jack']),
     'Age':pd.Series([25,26,25,23,30,29,23]),
     'Rating':pd.Series([4.23,3.24,3.98,2.56,3.20,4.6,3.8])}
#创建一个数据帧
df = pd.DataFrame(d)
print ("我们的 DataFrame 是:")
print (df)
```

执行以上代码,得到以下结果:

我们的 DataFrame 是：

```
     Age    Name    Rating
0    25     Tom     4.23
1    26     James   3.24
2    25     Ricky   3.98
3    23     Vin     2.56
4    30     Steve   3.20
5    29     Minsu   4.60
6    23     Jack    3.80
```

T(转置)实例：

返回 DataFrame 的转置,行和列将交换。

```
import pandas as pd
import numpy as np
d = {'Name':pd.Series(['Tom','James','Ricky','Vin','Steve','Minsu','Jack']),
     'Age':pd.Series([25,26,25,23,30,29,23]),
     'Rating':pd.Series([4.23,3.24,3.98,2.56,3.20,4.6,3.8])}
df = pd.DataFrame(d)
print ("DataFrame 的转置是:")
print (df.T)
```

执行以上代码,得到以下结果：

```
DataFrame 的转置是:
        0      1       2       3      4       5       6
Age     25     26      25      23     30      29      23
Name    Tom    James   Ricky   Vin    Steve   Minsu   Jack
Rating  4.23   3.24    3.98    2.56   3.2     4.6     3.8
```

4.1.7　Pandas 描述性统计

有很多方法用于集体计算 DataFrame 的描述性统计信息和其他相关操作,其中大多数是 sum()、mean()等聚合函数,但其中一些,如 cumsum(),会产生一个相同大小的对象。一般来说,这些方法采用轴参数,就像"ndarray.{sum,std,…}",但轴可以通过名称或整数来指定, DataFrame——index(axis＝0,默认),columns(axis＝1)。

下面来了解 Python Pandas 中描述性统计信息的函数,如表 4-9 所示。

表 4-9　DataFrame 统计函数

序号	函数	描述
1	count()	非空观测数量
2	sum()	所有值之和
3	mean()	所有值的平均值
4	median()	所有值的中位数
5	mode()	值的模值

序号	函数	描述
6	std()	值的标准偏差
7	min()	所有值中的最小值
8	max()	所有值中的最大值
9	abs()	绝对值
10	prod()	数组元素的乘积
11	cumsum()	累计总和
12	cumprod()	累计乘积

注意　由于 DataFrame 是异构数据结构,因此通用操作不适用于所有函数。sum()、cumsum()函数能与数字和字符(或字符串)数据元素一起工作,不会产生任何错误,但字符聚合较少被使用,虽然这些函数不会引发任何异常。由于相关操作无法执行,当 DataFrame 包含字符或字符串数据时,像 abs()、cumprod()这样的函数会抛出异常。

下面创建一个 DataFrame,并使用此对象演示上述操作。

实例:

```
import pandas as pd
import numpy as np
d = {'Name':pd.Series(['Tom','James','Ricky','Vin','Steve','Minsu','Jack',
    'Lee','David','Gasper','Betina','Andres']),
    'Age':pd.Series([25,26,25,23,30,29,23,34,40,30,51,46]),
    'Rating':pd.Series([4.23,3.24,3.98,2.56,3.20,4.6,3.8,3.78,2.98,4.80,4.10,3.65])}
df = pd.DataFrame(d)
print (df)
```

执行以上代码,得到以下结果:

```
    Age   Name    Rating
0   25    Tom     4.23
1   26    James   3.24
2   25    Ricky   3.98
3   23    Vin     2.56
4   30    Steve   3.20
5   29    Minsu   4.60
6   23    Jack    3.80
7   34    Lee     3.78
8   40    David   2.98
9   30    Gasper  4.80
10  51    Betina  4.10
11  46    Andres  3.65
```

• sum()方法实例:

返回所请求轴的值的总和。默认情况下,轴为索引(axis=0)。

```
import pandas as pd
import numpy as np
d = {'Name':pd.Series(['Tom','James','Ricky','Vin','Steve','Minsu','Jack',
    'Lee','David','Gasper','Betina','Andres']),
    'Age':pd.Series([25,26,25,23,30,29,23,34,40,30,51,46]),
    'Rating':pd.Series([4.23,3.24,3.98,2.56,3.20,4.6,3.8,3.78,2.98,4.80,4.10,3.65])}
df = pd.DataFrame(d)
print(df.sum())
```

执行以上代码,得到以下结果:

```
Age                                                      382
Name              TomJamesRickyVinSteveMinsuJackLeeDavidGasperBe…
Rating                                                  44.92
dtype：object
```

每个单独的列单独添加(附加字符串)。

• axis＝1 实例:

```
import pandas as pd
import numpy as np
d = {'Name':pd.Series(['Tom','James','Ricky','Vin','Steve','Minsu','Jack',
    'Lee','David','Gasper','Betina','Andres']),
    'Age':pd.Series([25,26,25,23,30,29,23,34,40,30,51,46]),
    'Rating':pd.Series([4.23,3.24,3.98,2.56,3.20,4.6,3.8,3.78,2.98,4.80,4.10,3.65])}
df = pd.DataFrame(d)
print(df.sum(1))
```

执行以上代码,得到以下结果:

```
0     29.23
1     29.24
2     28.98
3     25.56
4     33.20
5     33.60
6     26.80
7     37.78
8     42.98
9     34.80
10    55.10
11    49.65
dtype：float64
```

• mean()实例:
返回平均值。

```
import pandas as pd
import numpy as np
```

```
d = {'Name':pd.Series(['Tom','James','Ricky','Vin','Steve','Minsu','Jack',
    'Lee','David','Gasper','Betina','Andres']),
    'Age':pd.Series([25,26,25,23,30,29,23,34,40,30,51,46]),
    'Rating':pd.Series([4.23,3.24,3.98,2.56,3.20,4.6,3.8,3.78,2.98,4.80,4.10,3.65])}
df = pd.DataFrame(d)
print (df.mean())
```

执行以上代码，得到以下结果：

```
Age         31.833333
Rating       3.743333
dtype：float64
```

- std()实例：

返回数字列的 Bessel 标准偏差。

```
import pandas as pd
import numpy as np
d = {'Name':pd.Series(['Tom','James','Ricky','Vin','Steve','Minsu','Jack',
    'Lee','David','Gasper','Betina','Andres']),
    'Age':pd.Series([25,26,25,23,30,29,23,34,40,30,51,46]),
    'Rating':pd.Series([4.23,3.24,3.98,2.56,3.20,4.6,3.8,3.78,2.98,4.80,4.10,3.65])}
df = pd.DataFrame(d)
print (df.std())
```

执行以上代码，得到以下结果：

```
Age         9.232682
Rating      0.661628
dtype：float64
```

- describe()函数实例：

describe()函数用于计算有关 DataFrame 列的统计信息的摘要。

```
import pandas as pd
import numpy as np
d = {'Name':pd.Series(['Tom','James','Ricky','Vin','Steve','Minsu','Jack',
    'Lee','David','Gasper','Betina','Andres']),
    'Age':pd.Series([25,26,25,23,30,29,23,34,40,30,51,46]),
    'Rating':pd.Series([4.23,3.24,3.98,2.56,3.20,4.6,3.8,3.78,2.98,4.80,4.10,3.65])}
df = pd.DataFrame(d)
print(df.describe())
```

执行以上代码，得到以下结果：

```
             Age       Rating
count   12.000000   12.000000
mean    31.833333    3.743333
std      9.232682    0.661628
min     23.000000    2.560000
25 %    25.000000    3.230000
```

```
50 %    29.500000   3.790000
75 %    35.500000   4.132500
max     51.000000   4.800000
```

此函数给出了平均值、标准差和 IQR（四分位距）值。而且此函数排除字符列，并给出关于数字列的摘要。include 用于传递关于什么列需要考虑用于总结的必要信息的参数。获取值列表，默认情况下是"数字值"。

- object：汇总字符串列。
- number：汇总数字列。
- all：将所有列汇总在一起（不应将其作为列表值传递）。

include＝"object"表示描述 object 类型的属性。现在，使用以下语句并查看输出：

```
import pandas as pd
import numpy as np
d = {'Name':pd.Series(['Tom','James','Ricky','Vin','Steve','Minsu','Jack',
     'Lee','David','Gasper','Betina','Andres']),
     'Age':pd.Series([25,26,25,23,30,29,23,34,40,30,51,46]),
     'Rating':pd.Series([4.23,3.24,3.98,2.56,3.20,4.6,3.8,3.78,2.98,4.80,4.10,3.65])}
df = pd.DataFrame(d)
print (df.describe(include = ['object']))
```

执行以上代码，得到以下结果：

```
                Name
count            12
unique           12
top           Ricky
freq              1
```

include＝"all"表示对所有属性进行描述。现在，使用以下语句并查看输出：

```
import pandas as pd
import numpy as np
d = {'Name':pd.Series(['Tom','James','Ricky','Vin','Steve','Minsu','Jack',
     'Lee','David','Gasper','Betina','Andres']),
     'Age':pd.Series([25,26,25,23,30,29,23,34,40,30,51,46]),
     'Rating':pd.Series([4.23,3.24,3.98,2.56,3.20,4.6,3.8,3.78,2.98,4.80,4.10,3.65])}
df = pd.DataFrame(d)
print (df.describe(include = 'all'))
```

执行以上代码，得到以下结果：

	Age	Name	Rating
count	12.000000	12	12.000000
unique	NaN	12	NaN
top	NaN	Ricky	NaN
freq	NaN	1	NaN
mean	31.833333	NaN	3.743333

std	9.232682	NaN	0.661628
min	23.000000	NaN	2.560000
25 %	25.000000	NaN	3.230000
50 %	29.500000	NaN	3.790000
75 %	35.500000	NaN	4.132500
max	51.000000	NaN	4.800000

4.1.8　Pandas 排序

Pandas 有两种排序方式,分别是:按标签;按实际值。

* 未排序实例:

```
import pandas as pd
import numpy as np
unsorted_df = pd.DataFrame(np.random.randn(10,2),index = [1,4,6,2,3,5,9,8,0,7],
            columns = ['col2','col1'])
print (unsorted_df)
```

执行以上代码,得到以下结果:

	col2	col1
1	1.069838	0.096230
4	− 0.542406	− 0.219829
6	− 0.071661	0.392091
2	1.399976	− 0.472169
3	0.428372	− 0.624630
5	0.471875	0.966560
9	− 0.131851	− 1.254495
8	1.180651	0.199548
0	0.906202	0.418524
7	0.124800	2.011962

在 unsorted_df 数据值中,标签和值未排序。下面来看看如何按标签排序。

* 按标签排序实例:

使用 sort_index()方法,通过传递 axis 参数和排序顺序,可以对 DataFrame 进行排序。默认情况下,按照升序对行标签进行排序。

```
import pandas as pd
import numpy as np
unsorted_df = pd.DataFrame(np.random.randn(10,2),index = [1,4,6,2,3,5,9,8,0,7],
            columns = ['col2','col1'])
sorted_df = unsorted_df.sort_index()
print (sorted_df)
```

执行以上代码,得到以下结果:

	col2	col1
0	0.431384	− 0.401538
1	0.111887	− 0.222582
2	− 0.166893	− 0.237506
3	0.476472	0.508397
4	0.670838	0.406476
5	2.065969	− 0.324510
6	− 0.441630	1.060425
7	0.735145	0.972447
8	− 0.051904	− 1.112292
9	0.134108	0.759698

- 控制排序顺序实例：

通过将布尔值传递给升序参数，可以控制排序顺序。

```
import pandas as pd
import numpy as np
unsorted_df = pd.DataFrame(np.random.randn(10,2),index = [1,4,6,2,3,5,9,8,0,7],
            columns = ['col2','col1'])
sorted_df = unsorted_df.sort_index(ascending = False)
print (sorted_df)
```

执行以上代码，得到以下结果：

	col2	col1
9	0.750452	1.754815
8	0.945238	2.079394
7	0.345238	− 0.162737
6	− 0.512060	0.887094
5	1.163144	0.595402
4	− 0.063584	− 0.185536
3	− 0.275438	− 2.286831
2	− 1.504792	− 1.222394
1	1.031234	− 1.848174
0	− 0.615083	0.784086

- 按列排序实例：

通过传递 axis 参数值为 1，可以对列标签进行排序。默认情况下，axis＝0，逐行排列。

```
import pandas as pd
import numpy as np
unsorted_df = pd.DataFrame(np.random.randn(10,2),index = [1,4,6,2,3,5,9,8,0,7],
            columns = ['col2','col1'])
sorted_df = unsorted_df.sort_index(axis = 1)
print (sorted_df)
```

执行以上代码，得到以下结果：

	col1	col2
1	− 0.997962	0.736707
4	1.196464	0.703710
6	− 0.387800	1.207803
2	1.614043	0.356389
3	− 0.057181	− 0.551742
5	1.034451	− 0.731490
9	− 0.564355	0.892203
8	− 0.763526	0.684207
0	− 1.213615	1.268649
7	0.316543	− 1.450784

- 按值排序实例：

sort_values()是按值排序的方法，接受一个 by 参数，该参数将使用要按值排序的列的名称。

```
import pandas as pd
import numpy as np
unsorted_df = pd.DataFrame({'col1':[2,1,1,1],'col2':[1,3,2,4]})
sorted_df = unsorted_df.sort_values(by='col1')
print (sorted_df)
```

执行以上代码，得到以下结果：

	col1	col2
1	1	3
2	1	2
3	1	4
0	2	1

注意 观察上面的输出结果，col1 列的值被排序，相应的 col2 列和行索引将随 col1 一起改变。因此，它们看起来没有排序。

通过 by 参数指定需要按值排序的列，如下：

```
import pandas as pd
import numpy as np
unsorted_df = pd.DataFrame({'col1':[2,1,1,1],'col2':[1,3,2,4]})
sorted_df = unsorted_df.sort_values(by=['col1','col2'])
print (sorted_df)
```

执行以上代码，得到以下结果：

	col1	col2
2	1	2
1	1	3
3	1	4
0	2	1

- 排序算法实例：

sort_values（）提供了从 mergesort、heapsort 和 quicksort 中选择算法的一个配置。mergesort 是唯一稳定的算法。

```python
import pandas as pd
import numpy as np
unsorted_df = pd.DataFrame({'col1':[2,1,1,1],'col2':[1,3,2,4]})
sorted_df = unsorted_df.sort_values(by='col1',kind='mergesort')
print(sorted_df)
```

执行以上代码，得到以下结果：

```
    col1  col2
1    1     3
2    1     2
3    1     4
0    2     1
```

4.2　Pandas 数据分析

4.2.1　Pandas 统计函数

Pandas 统计函数有助于理解和分析数据的行为。下面我们将学习一些统计函数，可以将这些函数应用到 Pandas 的对象上。

1. pct_change()函数

DataFrame 和 Panel 都有 pct_change()函数。此函数将每个元素与其前一个元素进行比较，并计算变化百分比。

实例：

```python
import pandas as pd
import numpy as np
s = pd.Series([1,2,3,4,5,4])
print(s.pct_change())
df = pd.DataFrame(np.random.randn(5, 2))
print(df.pct_change())
```

执行以上代码，得到以下结果：

```
0         NaN
1    1.000000
2    0.500000
3    0.333333
```

```
4      0.250000
5     -0.200000
dtype: float64
                   0            1
0            NaN          NaN
1       -15.151902     0.174730
2        -0.746374    -1.449088
3        -3.582229    -3.165836
4        15.601150    -1.860434
```

默认情况下,pct_change()对列进行操作,如果想将此函数应用到行上,则可使用 axis＝1 参数。

2. 协方差

协方差适用于系列数据。Series 对象有一个方法 cov(),用于计算序列对象之间的协方差。NaN 将被自动排除。

实例:

```
import pandas as pd
import numpy as np
s1 = pd.Series(np.random.randn(10))
s2 = pd.Series(np.random.randn(10))
print (s1.cov(s2))
```

执行以上代码,得到以下结果:

```
0.0667296739178
```

当应用于 DataFrame 时,cov()方法计算所有列之间的协方差值。

```
import pandas as pd
import numpy as np
frame = pd.DataFrame(np.random.randn(10, 5), columns = ['a', 'b', 'c', 'd', 'e'])
print (frame['a'].cov(frame['b']))
print (frame.cov())
```

执行以上代码,得到以下结果:

```
  -0.406796939839
              a            b            c            d            e
a      0.784886     -0.406797     0.181312     0.513549     -0.597385
b     -0.406797      0.987106    -0.662898    -0.492781      0.388693
c      0.181312     -0.662898     1.450012     0.484724     -0.476961
d      0.513549     -0.492781     0.484724     1.571194     -0.365274
e     -0.597385      0.388693    -0.476961    -0.365274      0.785044
```

注意 观察第 4 行代码中 a 列和 b 列之间的协方差结果值,与由 DataFrame 上的 cov() 返回的值相同。

3. 相关性

相关性显示了任何两个数值(系列)之间的线性关系,有多种方法可以计算相关性。两个连续变量间呈线性相关时,使用 Pearson 积差相关系数(默认),不满足积差相关分析的适用条件时,使用 Spearman 相关系数来描述。

- Spearman 相关系数又称秩相关系数,是利用两变量的秩次大小作线性相关分析,对原始变量的分布不作要求,属于非参数统计方法,适用范围要广一些。对于服从 Pearson 相关系数的数据亦可计算 Spearman 相关系数,但统计效能要低一些。
- Pearson 相关系数的计算公式可以完全套用 Spearman 相关系数的计算公式,公式中的 x 和 y 用相应的秩次代替即可。
- Kendall's tau-b 等级相关系数:用于反映分类变量相关性的指标,适用于两个分类变量均为有序分类的情况。对相关的有序变量进行非参数相关检验;取值范围在 $-1 \sim 1$ 之间,此检验适用于正方形表格。

Pearson 相关系数只有连续型变量才可采用;Spearman 相关系数适用于定序变量或不满足正态分布假设的等间隔数据;Kendall 相关系数适用于定序变量或不满足正态分布假设的等间隔数据。当资料不服从双变量正态分布或总体分布未知,或者原始数据用等级表示时,宜采用 Spearman 或 Kendall 相关系数。

实例:

```
import pandas as pd
import numpy as np
frame = pd.DataFrame(np.random.randn(10, 5), columns = ['a','b','c','d','e'])
print (frame['a'].corr(frame['b']))
print (frame.corr())
```

执行以上代码,得到以下结果:

```
-0.613999376618
          a          b          c          d          e
a   1.000000  -0.613999  -0.040741  -0.227761  -0.192171
b  -0.613999   1.000000   0.012303   0.273584   0.591826
c  -0.040741   0.012303   1.000000  -0.391736  -0.470765
d  -0.227761   0.273584  -0.391736   1.000000   0.364946
e  -0.192171   0.591826  -0.470765   0.364946   1.000000
```

如果 DataFrame 中存在任何非数字列,则会自动排除。

4. 数据排名

数据排名为元素数组中的每个元素生成排名。在关系平级的情况下,分配平均等级。

rank()函数可选地使用一个默认为 True 的升序参数,当该参数为 False 时,数据被反向排序,也就是较大的值被分配较小的排序。

rank()函数支持不同的 tie-breaking 方法,用方法参数指定。

- average:并列组平均排序等级。
- min:组中最低的排序等级。
- max:组中最高的排序等级。
- first:按照它们在数组中的出现顺序分配队列。

实例：

```
import pandas as pd
import numpy as np
s = pd.Series(np.random.np.random.randn(5), index = list('abcde'))
s['d'] = s['b']
print(s.rank())
```

执行以上代码，得到以下结果：

```
a    4.0
b    1.5
c    3.0
d    1.5
e    5.0
dtype: float64
```

4.2.2 Pandas 聚合函数

聚合一般指的是能够由数组产生标量值的数据转换过程，常见的聚合运算都由相关的统计函数快速实现，当然也可以自定义聚合运算。要使用自定义的聚合函数，需将其传入 aggregate() 或 agg() 方法。

Pandas 中提供了 pandas.DataFrame.rolling() 函数来实现滑动窗口值计算，此函数的原型如下：

```
DataFrame.rolling(window, min_periods = None, center = False, win_type = None, on = None, axis = 0,
            closed = None)
```

下面创建一个 DataFrame 并在其上应用聚合。

```
import pandas as pd
import numpy as np
df = pd.DataFrame(np.random.randn(10, 4),
      index = pd.date_range('1/1/2019', periods = 10),
      columns = ['A', 'B', 'C', 'D'])
print(df)
print(" = " * 30)
r = df.rolling(window = 3, min_periods = 1)
print(r)
```

执行以上代码，得到以下结果：

	A	B	C	D
2019 - 01 - 01	- 0.901602	- 1.778484	0.728295	- 0.758108
2019 - 01 - 02	- 0.826162	0.994140	0.976164	- 0.918249
2019 - 01 - 03	0.260841	0.905993	1.505967	- 0.124883

```
2019 - 01 - 04      - 0.112230      - 0.111885        0.702712      - 0.871768
2019 - 01 - 05      - 0.239969        1.435918      - 0.160140      - 0.547702
2019 - 01 - 06      - 0.126897      - 2.628206      - 0.280658        0.167422
2019 - 01 - 07        0.367903        0.994337      - 0.529830        0.195990
2019 - 01 - 08      - 0.530872      - 0.384915      - 0.397150      - 0.024074
2019 - 01 - 09      - 0.418925        0.049046      - 0.816616        0.308107
2019 - 01 - 10      - 0.176857        2.573145        0.010211      - 1.427078
==========================================================
Rolling [window = 3,min_periods = 1,center = False,axis = 0]
```

可以通过向整个 DataFrame 传递一个函数来进行聚合,或者通过标准的获取项目方法来选择一个列。

1. 在整个 DataFrame 上应用聚合

对 Series 或 DataFrame 列的聚合运算其实就是使用 aggregate()调用自定义函数或者直接调用 mean()、std()等方法。

实例:

```
import pandas as pd
import numpy as np
df = pd.DataFrame(np.random.randn(10, 4),
        index = pd.date_range('1/1/2020', periods = 10),
        columns = ['A', 'B', 'C', 'D'])
print (df)
r = df.rolling(window = 3,min_periods = 1)
print (r.aggregate(np.sum))
```

执行以上代码,得到以下结果:

```
                    A               B               C               D
2020 - 01 - 01        1.069090      - 0.802365      - 0.323818      - 1.994676
2020 - 01 - 02        0.190584        0.328272      - 0.550378        0.559738
2020 - 01 - 03        0.044865        0.478342      - 0.976129        0.106530
2020 - 01 - 04      - 1.349188      - 0.391635      - 0.292740        1.412755
2020 - 01 - 05        0.057659      - 1.331901      - 0.297858      - 0.500705
2020 - 01 - 06        2.651680      - 1.459706      - 0.726023        0.294283
2020 - 01 - 07        0.666481        0.679205      - 1.511743        2.093833
2020 - 01 - 08      - 0.284316      - 1.079759        1.433632        0.534043
2020 - 01 - 09        1.115246      - 0.268812        0.190440      - 0.712032
2020 - 01 - 10      - 0.121008        0.136952        1.279354        0.275773
==========================================================
                    A               B               C               D
2020 - 01 - 01        1.069090      - 0.802365      - 0.323818      - 1.994676
2020 - 01 - 02        1.259674      - 0.474093      - 0.874197      - 1.434938
2020 - 01 - 03        1.304539        0.004249      - 1.850326      - 1.328409
2020 - 01 - 04      - 1.113739        0.414979      - 1.819248        2.079023
2020 - 01 - 05      - 1.246664      - 1.245194      - 1.566728        1.018580
```

2020 – 01 – 06	1.360151	– 3.183242	– 1.316621	1.206333
2020 – 01 – 07	3.375821	– 2.112402	– 2.535624	1.887411
2020 – 01 – 08	3.033846	– 1.860260	– 0.804134	2.922160
2020 – 01 – 09	1.497411	– 0.669366	0.112329	1.915845
2020 – 01 – 10	0.709922	– 1.211619	2.903427	0.097785

2. 在 DataFrame 的单列上应用聚合

实例：

```python
import pandas as pd
import numpy as np
df = pd.DataFrame(np.random.randn(10, 4),
        index = pd.date_range('1/1/2000', periods = 10),
        columns = ['A','B','C','D'])
print (df)
print (" = " * 30)
r = df.rolling(window = 3,min_periods = 1)
print (r['A'].aggregate(np.sum))
```

执行以上代码，得到以下结果：

	A	B	C	D
2000 – 01 – 01	– 1.095530	– 0.415257	– 0.446871	– 1.267795
2000 – 01 – 02	– 0.405793	– 0.002723	0.040241	– 0.131678
2000 – 01 – 03	– 0.136526	0.742393	– 0.692582	– 0.271176
2000 – 01 – 04	0.318300	– 0.592146	– 0.754830	0.239841
2000 – 01 – 05	– 0.125770	0.849980	0.685083	0.752720
2000 – 01 – 06	1.410294	0.054780	0.297992	– 0.034028
2000 – 01 – 07	0.463223	– 1.239204	– 0.056420	0.440893
2000 – 01 – 08	– 2.244446	– 0.516937	– 2.039601	– 0.680606
2000 – 01 – 09	0.991139	0.026987	– 2.391856	0.585565
2000 – 01 – 10	0.112228	– 0.701284	– 1.139827	1.484032

```
====================================
2000 – 01 – 01   – 1.095530
2000 – 01 – 02   – 1.501323
2000 – 01 – 03   – 1.637848
2000 – 01 – 04   – 0.224018
2000 – 01 – 05     0.056004
2000 – 01 – 06     1.602824
2000 – 01 – 07     1.747747
2000 – 01 – 08   – 0.370928
2000 – 01 – 09   – 0.790084
2000 – 01 – 10   – 1.141079
Freq: D, Name: A, dtype: float64
```

3. 在 DataFrame 的多列上应用聚合

实例：

```
import pandas as pd
import numpy as np
df = pd.DataFrame(np.random.randn(10, 4),
        index = pd.date_range('1/1/2018', periods = 10),
        columns = ['A', 'B', 'C', 'D'])
print (df)
print (" = " * 30)
r = df.rolling(window = 3, min_periods = 1)
print (r[['A', 'B']].aggregate(np.sum))
```

执行以上代码，得到以下结果：

	A	B	C	D
2018 - 01 - 01	0.518897	0.988917	0.435691	- 1.005703
2018 - 01 - 02	1.793400	0.130314	2.313787	0.870057
2018 - 01 - 03	- 0.297601	0.504137	- 0.951311	- 0.146720
2018 - 01 - 04	0.282177	0.142360	- 0.059013	0.633174
2018 - 01 - 05	2.095398	- 0.153359	0.431514	- 1.185657
2018 - 01 - 06	0.134847	0.188138	0.828329	- 1.035120
2018 - 01 - 07	0.780541	0.138942	- 1.001229	0.714896
2018 - 01 - 08	0.579742	- 0.642858	0.835013	- 1.504110
2018 - 01 - 09	- 1.692986	- 0.861327	- 1.125359	0.006687
2018 - 01 - 10	- 0.263689	1.182349	- 0.916569	0.617476

```
==============================================
```

	A	B
2018 - 01 - 01	0.518897	0.988917
2018 - 01 - 02	2.312297	1.119232
2018 - 01 - 03	2.014697	1.623369
2018 - 01 - 04	1.777976	0.776811
2018 - 01 - 05	2.079975	0.493138
2018 - 01 - 06	2.512422	0.177140
2018 - 01 - 07	3.010786	0.173722
2018 - 01 - 08	1.495130	- 0.315777
2018 - 01 - 09	- 0.332703	- 1.365242
2018 - 01 - 10	- 1.376932	- 0.321836

4. 在 DataFrame 的单列上应用多个函数

实例：

```
import pandas as pd
import numpy as np
df = pd.DataFrame(np.random.randn(10, 4),
    index = pd.date_range('2019/01/01', periods = 10),
    columns = ['A', 'B', 'C', 'D'])
print (df)
print (" = " * 30)
r = df.rolling(window = 3, min_periods = 1)
print (r['A'].aggregate([np.sum, np.mean]))
```

执行以上代码,得到以下结果:

	A	B	C	D
2019 − 01 − 01	1.022641	− 1.431910	0.780941	− 0.029811
2019 − 01 − 02	− 0.302858	0.009886	− 0.359331	− 0.417708
2019 − 01 − 03	− 1.396564	0.944374	− 0.238989	− 1.873611
2019 − 01 − 04	0.396995	− 1.152009	− 0.560552	− 0.144212
2019 − 01 − 05	− 2.513289	− 1.085277	− 1.016419	− 1.586994
2019 − 01 − 06	− 0.513179	0.823411	0.670734	1.196546
2019 − 01 − 07	− 0.363239	− 0.991799	0.587564	− 1.100096
2019 − 01 − 08	1.474317	1.265496	− 0.216486	− 0.224218
2019 − 01 − 09	2.235798	− 1.381457	− 0.950745	− 0.209564
2019 − 01 − 10	− 0.061891	− 0.025342	0.494245	− 0.081681

```
============================================
```

	sum	mean
2019 − 01 − 01	1.022641	1.022641
2019 − 01 − 02	0.719784	0.359892
2019 − 01 − 03	− 0.676780	− 0.225593
2019 − 01 − 04	− 1.302427	− 0.434142
2019 − 01 − 05	− 3.512859	− 1.170953
2019 − 01 − 06	− 2.629473	− 0.876491
2019 − 01 − 07	− 3.389707	− 1.129902
2019 − 01 − 08	0.597899	0.199300
2019 − 01 − 09	3.346876	1.115625
2019 − 01 − 10	3.648224	1.216075

5. 在 DataFrame 的多列上应用多个函数

实例:

```
import pandas as pd
import numpy as np
df = pd.DataFrame(np.random.randn(10, 4),
```

```
    index = pd.date_range('2020/01/01', periods = 10),
    columns = ['A', 'B', 'C', 'D'])
print (df)
print (" = " * 30)
r = df.rolling(window = 3,min_periods = 1)
print (r[['A','B']].aggregate([np.sum,np.mean]))
```

执行以上代码,得到以下结果:

	A	B	C	D
2020 - 01 - 01	1.053702	0.355985	0.746638	- 0.233968
2020 - 01 - 02	0.578520	- 1.171843	- 1.764249	- 0.709913
2020 - 01 - 03	- 0.491185	0.975212	0.200139	- 3.372621
2020 - 01 - 04	- 1.331328	0.776316	0.216623	0.202313
2020 - 01 - 05	- 1.023147	- 0.913686	1.457512	0.999232
2020 - 01 - 06	0.995328	- 0.979826	- 1.063695	0.057925
2020 - 01 - 07	0.576668	1.065767	- 0.270744	- 0.513707
2020 - 01 - 08	0.520258	0.969043	- 0.119177	- 0.125620
2020 - 01 - 09	- 0.316480	0.549085	1.862249	1.091265
2020 - 01 - 10	0.461321	- 0.368662	- 0.988323	0.543011

```
==========================================
```

	A		B	
	sum	mean	sum	mean
2020 - 01 - 01	1.053702	1.053702	0.355985	0.355985
2020 - 01 - 02	1.632221	0.816111	- 0.815858	- 0.407929
2020 - 01 - 03	1.141037	0.380346	0.159354	0.053118
2020 - 01 - 04	- 1.243993	- 0.414664	0.579686	0.193229
2020 - 01 - 05	- 2.845659	- 0.948553	0.837843	0.279281
2020 - 01 - 06	- 1.359146	- 0.453049	- 1.117195	- 0.372398
2020 - 01 - 07	0.548849	0.182950	- 0.827744	- 0.275915
2020 - 01 - 08	2.092254	0.697418	1.054985	0.351662
2020 - 01 - 09	0.780445	0.260148	2.583896	0.861299
2020 - 01 - 10	0.665099	0.221700	1.149466	0.383155

6. 将不同的函数应用于 DataFrame 的不同列

实例:

```
import pandas as pd
import numpy as np
df = pd.DataFrame(np.random.randn(3, 4),
    index = pd.date_range('2020/01/01', periods = 3),
    columns = ['A', 'B', 'C', 'D'])
print (df)
print (" = " * 30)
r = df.rolling(window = 3,min_periods = 1)
print (r.aggregate({'A' : np.sum,'B' : np.mean}))
```

执行以上代码,得到以下结果:

```
                        A            B            C            D
2020 - 01 - 01    - 0.246302   - 0.057202     0.923807   - 1.019698
2020 - 01 - 02      0.285287     1.467206   - 0.368735   - 0.397260
2020 - 01 - 03    - 0.163219   - 0.401368     1.254569     0.580188
==============================================
                        A            B
2020 - 01 - 01    - 0.246302   - 0.057202
2020 - 01 - 02      0.038985     0.705002
2020 - 01 - 03    - 0.124234     0.336212
```

4.2.3　Pandas 分组功能

任何分组(groupby)操作都涉及原始对象的以下操作之一：

- 分割对象；
- 应用一个函数；
- 结合的结果。

在许多情况下，我们将数据分成多个集合，并在每个子集上应用一些函数。在应用函数中，可以执行以下操作。

- 聚合：进行汇总统计。
- 转换：执行一些特定于组的操作。
- 过滤：在某些情况下丢弃数据。

下面创建一个 DataFrame 对象并对其执行所有操作。

实例：

```
import pandas as pd
ipl_data = {'Team': ['Riders', 'Riders', 'Devils', 'Devils', 'Kings',
        'kings', 'Kings', 'Kings', 'Riders', 'Royals', 'Royals', 'Riders'],
        'Rank': [1,2,2,3,3,4,1,1,2,4,1,2],
        'Year': [2014,2015,2014,2015,2014,2015,2016,2017,2016,2014,2015,2017],
        'Points':[876,789,863,673,741,812,756,788,694,701,804,690]}
df = pd.DataFrame(ipl_data)
print (df)
```

执行以上代码，得到以下结果：

```
     Points   Rank      Team    Year
0      876      1      Riders   2014
1      789      2      Riders   2015
2      863      2      Devils   2014
3      673      3      Devils   2015
4      741      3      Kings    2014
5      812      4      kings    2015
6      756      1      Kings    2016
7      788      1      Kings    2017
8      694      2      Riders   2016
9      701      4      Royals   2014
10     804      1      Royals   2015
11     690      2      Riders   2017
```

1. 将数据拆分成组

Pandas 对象可以分成任何对象。有多种方式可用于拆分对象,如:

- obj. groupby('key');
- obj. groupby(['key1','key2']);
- obj. groupby(key,axis=1)。

下面观察如何将分组对象应用于 DataFrame 对象。

实例:

```
import pandas as pd
ipl_data = {'Team': ['Riders','Riders','Devils','Devils','Kings',
            'kings','Kings','Kings','Riders','Royals','Royals','Riders'],
            'Rank': [1,2,2,3,3,4,1,1,2,4,1,2],
            'Year': [2014,2015,2014,2015,2014,2015,2016,2017,2016,2014,2015,2017],
            'Points':[876,789,863,673,741,812,756,788,694,701,804,690]}
df = pd.DataFrame(ipl_data)
print (df.groupby('Team'))
```

执行以上代码,得到以下结果:

```
<pandas. core. groupby. DataFrameGroupBy object at 0x00000245D60AD518>
```

(1) 按单列分组

实例:

```
import pandas as pd
ipl_data = {'Team': ['Riders','Riders','Devils','Devils','Kings',
            'kings','Kings','Kings','Riders','Royals','Royals','Riders'],
            'Rank': [1,2,2,3,3,4,1,1,2,4,1,2],
            'Year': [2014,2015,2014,2015,2014,2015,2016,2017,2016,2014,2015,2017],
            'Points':[876,789,863,673,741,812,756,788,694,701,804,690]}
df = pd.DataFrame(ipl_data)
print (df.groupby('Team').groups)
```

执行以上代码,得到以下结果:

```
{
'Devils': Int64Index([2, 3], dtype='int64'),
'Kings': Int64Index([4, 6, 7], dtype='int64'),
'Riders': Int64Index([0, 1, 8, 11], dtype='int64'),
'Royals': Int64Index([9, 10], dtype='int64'),
'kings': Int64Index([5], dtype='int64')
}
```

(2) 按多列分组

实例:

```
import pandas as pd
ipl_data = {'Team': ['Riders','Riders','Devils','Devils','Kings',
            'kings','Kings','Kings','Riders','Royals','Royals','Riders'],
            'Rank': [1,2,2,3,3,4,1,1,2,4,1,2],
            'Year': [2014,2015,2014,2015,2014,2015,2016,2017,2016,2014,2015,2017],
            'Points':[876,789,863,673,741,812,756,788,694,701,804,690]}
df = pd.DataFrame(ipl_data)
print (df.groupby(['Team','Year']).groups)
```

执行以上代码,得到以下结果:

```
{
('Devils', 2014): Int64Index([2], dtype='int64'),
('Devils', 2015): Int64Index([3], dtype='int64'),
('Kings', 2014): Int64Index([4], dtype='int64'),
('Kings', 2016): Int64Index([6], dtype='int64'),
('Kings', 2017): Int64Index([7], dtype='int64'),
('Riders', 2014): Int64Index([0], dtype='int64'),
('Riders', 2015): Int64Index([1], dtype='int64'),
('Riders', 2016): Int64Index([8], dtype='int64'),
('Riders', 2017): Int64Index([11], dtype='int64'),
('Royals', 2014): Int64Index([9], dtype='int64'),
('Royals', 2015): Int64Index([10], dtype='int64'),
('kings', 2015): Int64Index([5], dtype='int64')
}
```

2. 迭代遍历分组

使用 groupby 对象,可以遍历类似于 itertools.obj 的对象。

实例:

```
import pandas as pd
ipl_data = {'Team': ['Riders','Riders','Devils','Devils','Kings',
            'kings','Kings','Kings','Riders','Royals','Royals','Riders'],
            'Rank': [1,2,2,3,3,4,1,1,2,4,1,2],
            'Year': [2014,2015,2014,2015,2014,2015,2016,2017,2016,2014,2015,2017],
            'Points':[876,789,863,673,741,812,756,788,694,701,804,690]}
df = pd.DataFrame(ipl_data)
grouped = df.groupby('Year')
for name,group in grouped:
    print (name)
    print (group)
```

执行以上代码,得到以下结果:

2014

	Points	Rank	Team	Year
0	876	1	Riders	2014
2	863	2	Devils	2014
4	741	3	Kings	2014
9	701	4	Royals	2014

2015

	Points	Rank	Team	Year
1	789	2	Riders	2015
3	673	3	Devils	2015
5	812	4	kings	2015
10	804	1	Royals	2015

2016

	Points	Rank	Team	Year
6	756	1	Kings	2016
8	694	2	Riders	2016

2017

	Points	Rank	Team	Year
7	788	1	Kings	2017
11	690	2	Riders	2017

默认情况下，groupby 对象具有与分组名相同的标签名称。

3. 选择一个分组

使用 get_group()方法，可以选择一个组。

实例：

```python
import pandas as pd
ipl_data = {'Team': ['Riders', 'Riders', 'Devils', 'Devils', 'Kings',
          'kings', 'Kings', 'Kings', 'Riders', 'Royals', 'Royals', 'Riders'],
          'Rank': [1,2,2,3,3,4,1,1,2,4,1,2],
          'Year': [2014,2015,2014,2015,2014,2015,2016,2017,2016,2014,2015,2017],
          'Points':[876,789,863,673,741,812,756,788,694,701,804,690]}
df = pd.DataFrame(ipl_data)
grouped = df.groupby('Year')
print (grouped.get_group(2014))
```

执行以上代码，得到以下结果：

	Points	Rank	Team	Year
0	876	1	Riders	2014
2	863	2	Devils	2014
4	741	3	Kings	2014
9	701	4	Royals	2014

4. 聚合函数

聚合函数为每个组返回单个聚合值。当创建了 groupby 对象，就可以对分组数据执行多个聚合操作。

比较常用的是通过聚合或等效的 agg()方法聚合。

实例：

```
import pandas as pd
import numpy as np
ipl_data = {'Team': ['Riders','Riders','Devils','Devils','Kings',
            'kings','Kings','Kings','Riders','Royals','Royals','Riders'],
            'Rank': [1,2,2,3,3,4,1,1,2,4,1,2],
            'Year': [2014,2015,2014,2015,2014,2015,2016,2017,2016,2014,2015,2017],
            'Points':[876,789,863,673,741,812,756,788,694,701,804,690]}
df = pd.DataFrame(ipl_data)
grouped = df.groupby('Year')
print (grouped['Points'].agg(np.mean))
```

执行以上代码，得到以下结果：

```
Year
2014    795.25
2015    769.50
2016    725.00
2017    739.00
Name: Points, dtype: float64
```

一种查看每个分组的大小的方法是应用 size()函数。

实例：

```
import pandas as pd
import numpy as np
ipl_data = {'Team': ['Riders','Riders','Devils','Devils','Kings',
            'kings','Kings','Kings','Riders','Royals','Royals','Riders'],
            'Rank': [1,2,2,3,3,4,1,1,2,4,1,2],
            'Year': [2014,2015,2014,2015,2014,2015,2016,2017,2016,2014,2015,2017],
            'Points':[876,789,863,673,741,812,756,788,694,701,804,690]}
df = pd.DataFrame(ipl_data)
grouped = df.groupby('Team')
print (grouped.agg(np.size))
```

执行以上代码，得到以下结果：

```
Team
Devils    2    2    2
Kings     3    3    3
Riders    4    4    4
Royals    2    2    2
kings     1    1    1
```

5. 一次应用多个聚合函数

通过分组系列，还可以传递函数的列表或字典来进行聚合，并生成 DataFrame 作为输出。
实例：

```
import pandas as pd
import numpy as np
ipl_data = {'Team': ['Riders','Riders','Devils','Devils','Kings',
              'kings','Kings','Kings','Riders','Royals','Royals','Riders'],
              'Rank': [1,2,2,3,3,4,1,1,2,4,1,2],
              'Year': [2014,2015,2014,2015,2014,2015,2016,2017,2016,2014,2015,2017],
              'Points':[876,789,863,673,741,812,756,788,694,701,804,690]}
df = pd.DataFrame(ipl_data)
grouped = df.groupby('Team')
agg = grouped['Points'].agg([np.sum, np.mean, np.std])
print (agg)
```

执行以上代码，得到以下结果：

```
              sum          mean            std
Team
Devils       1536    768.000000     134.350288
Kings        2285    761.666667      24.006943
Riders       3049    762.250000      88.567771
Royals       1505    752.500000      72.831998
kings         812    812.000000            NaN
```

6. 转换

分组或列上的转换返回索引大小与被分组的索引相同的对象，因此，转换应该返回与组块大小相同的结果。

```
import pandas as pd
import numpy as np
ipl_data = {'Team': ['Riders','Riders','Devils','Devils','Kings',
              'kings','Kings','Kings','Riders','Royals','Royals','Riders'],
              'Rank': [1,2,2,3,3,4,1,1,2,4,1,2],
              'Year': [2014,2015,2014,2015,2014,2015,2016,2017,2016,2014,2015,2017],
              'Points':[876,789,863,673,741,812,756,788,694,701,804,690]}
df = pd.DataFrame(ipl_data)
grouped = df.groupby('Team')
score = lambda x: (x - x.mean()) / x.std() * 10
print (grouped.transform(score))
```

执行以上代码，得到以下结果：

```
       Points        Rank          Year
0   12.843272  -15.000000    -11.618950
1    3.020286    5.000000     -3.872983
```

2	7.071068	−7.071068	−7.071068
3	−7.071068	7.071068	7.071068
4	−8.608621	11.547005	−10.910895
5	NaN	NaN	NaN
6	−2.360428	−5.773503	2.182179
7	10.969049	−5.773503	8.728716
8	−7.705963	5.000000	3.872983
9	−7.071068	7.071068	−7.071068
10	7.071068	−7.071068	7.071068
11	−8.157595	5.000000	11.618950

7. 过滤

过滤操作根据定义的标准过滤数据并返回数据的子集。filter()函数用于过滤数据。

```python
import pandas as pd
import numpy as np
ipl_data = {'Team': ['Riders', 'Riders', 'Devils', 'Devils', 'Kings',
           'kings', 'Kings', 'Kings', 'Riders', 'Royals', 'Royals', 'Riders'],
           'Rank': [1,2,2,3,3,4,1,1,2,4,1,2],
           'Year': [2014,2015,2014,2015,2014,2015,2016,2017,2016,2014,2015,2017],
           'Points':[876,789,863,673,741,812,756,788,694,701,804,690]}
df = pd.DataFrame(ipl_data)
filter = df.groupby('Team').filter(lambda x: len(x) >= 3)
print (filter)
```

执行以上代码,得到以下结果:

	Points	Rank	Team	Year
0	876	1	Riders	2014
1	789	2	Riders	2015
4	741	3	Kings	2014
6	756	1	Kings	2016
7	788	1	Kings	2017
8	694	2	Riders	2016
11	690	2	Riders	2017

在上述过滤条件下,要求返回参加 IPL 三次以上的队伍。

4.2.4 Pandas 数据连接查询

Pandas 具有功能全面的高性能内存中连接操作,与 SQL 等关系数据库非常相似。Pandas 提供了一个单独的 merge()函数,作为 DataFrame 对象之间所有标准数据库连接操作的入口:

```python
pd.merge(left, right, how='inner', on=None, left_on=None, right_on=None,
         left_index=False, right_index=False, sort=True)
```

其中的参数如下所述。

- left：一个 DataFrame 对象。
- right：另一个 DataFrame 对象。
- on：列（名称）连接，必须在左侧和右侧 DataFrame 对象中存在（找到）。
- left_on：左侧 DataFrame 中的列用作键，可以是列名或长度等于 DataFrame 长度的数组。
- right_on：右侧 DataFrame 中的列用作键，可以是列名或长度等于 DataFrame 长度的数组。
- left_index：如果为 True，则使用左侧 DataFrame 中的索引（行标签）作为其连接键。在具有 MultiIndex（分层）的 DataFrame 的情况下，级别的数量必须与来自右侧 DataFrame 的连接键的数量相匹配。
- right_index：与 left_index 具有相同的用法。
- how：是 left、right、outer 和 inner 之中的一个，默认为 inner。下面将介绍每种方法的用法。
- sort：按照字典顺序通过连接键对结果 DataFrame 进行排序。默认为 True，设置为 False 时，在很多情况下能够大大提高性能。

下面创建两个不同的 DataFrame 并对其执行合并操作。

初始数据集：

```
import pandas as pd
left = pd.DataFrame({
        'id':[1,2,3,4,5],
        'Name': ['Alex','Amy','Allen','Alice','Ayoung'],
        'subject_id':['sub1','sub2','sub4','sub6','sub5']})
right = pd.DataFrame(
        {'id':[1,2,3,4,5],
        'Name': ['Billy','Brian','Bran','Bryce','Betty'],
        'subject_id':['sub2','sub4','sub3','sub6','sub5']})
print (left)
print (" = " * 30)
print (right)
```

执行以上代码，得到以下结果：

```
     Name    id   subject_id
0    Alex    1        sub1
1    Amy     2        sub2
2    Allen   3        sub4
3    Alice   4        sub6
4    Ayoung  5        sub5
==========================================
     Name    id   subject_id
0    Billy   1        sub2
1    Brian   2        sub4
2    Bran    3        sub3
```

3	Bryce	4	sub6
4	Betty	5	sub5

1. 在一个键上合并两个 DataFrame

```
import pandas as pd
left = pd.DataFrame({
        'id':[1,2,3,4,5],
        'Name': ['Alex','Amy','Allen','Alice','Ayoung'],
        'subject_id':['sub1','sub2','sub4','sub6','sub5']})
right = pd.DataFrame(
        {'id':[1,2,3,4,5],
        'Name': ['Billy','Brian','Bran','Bryce','Betty'],
        'subject_id':['sub2','sub4','sub3','sub6','sub5']})
rs = pd.merge(left,right,on='id')
print(rs)
```

执行以上代码，得到以下结果：

	Name_x	id	subject_id_x	Name_y	subject_id_y
0	Alex	1	sub1	Billy	sub2
1	Amy	2	sub2	Brian	sub4
2	Allen	3	sub4	Bran	sub3
3	Alice	4	sub6	Bryce	sub6
4	Ayoung	5	sub5	Betty	sub5

2. 合并多个键上的两个 DataFrame

```
import pandas as pd
left = pd.DataFrame({
        'id':[1,2,3,4,5],
        'Name': ['Alex','Amy','Allen','Alice','Ayoung'],
        'subject_id':['sub1','sub2','sub4','sub6','sub5']})
right = pd.DataFrame(
        {'id':[1,2,3,4,5],
        'Name': ['Billy','Brian','Bran','Bryce','Betty'],
        'subject_id':['sub2','sub4','sub3','sub6','sub5']})
rs = pd.merge(left,right,on=['id','subject_id'])
print(rs)
```

执行以上代码，得到以下结果：

	Name_x	id	subject_id	Name_y
0	Alice	4	sub6	Bryce
1	Ayoung	5	sub5	Betty

3. 合并使用"how"的参数

how 合并参数确定哪些键将被包含在结果表中。如果连接键没有出现在左侧或右侧 DataFrame 中，则连接表中的相应值将为 NaN。表 4-10 所示是对 how 选项和 SQL 等效名称的总结。

表 4-10　多表查询

合并方法	SQL 等效名称	描述
left	LEFT OUTER JOIN	使用左侧对象的键
right	RIGHT OUTER JOIN	使用右侧对象的键
outer	FULL OUTER JOIN	使用键的联合
inner	INNER JOIN	使用键的交集

- left 实例：

```
import pandas as pd
left = pd.DataFrame({
        'id':[1,2,3,4,5],
        'Name': ['Alex','Amy','Allen','Alice','Ayoung'],
        'subject_id':['sub1','sub2','sub4','sub6','sub5']})
right = pd.DataFrame(
        {'id':[1,2,3,4,5],
        'Name': ['Billy','Brian','Bran','Bryce','Betty'],
        'subject_id':['sub2','sub4','sub3','sub6','sub5']})
rs = pd.merge(left, right, on='subject_id', how='left')
print (rs)
```

执行以上代码，得到以下结果（左表为主，右表中未出现字段使用 NaN）：

```
    Name_x  id_x  subject_id  Name_y  id_y
0     Alex     1        sub1     NaN   NaN
1      Amy     2        sub2   Billy   1.0
2    Allen     3        sub4   Brian   2.0
3    Alice     4        sub6   Bryce   4.0
4   Ayoung     5        sub5   Betty   5.0
```

- right 实例：

```
import pandas as pd
left = pd.DataFrame({
        'id':[1,2,3,4,5],
        'Name': ['Alex','Amy','Allen','Alice','Ayoung'],
        'subject_id':['sub1','sub2','sub4','sub6','sub5']})
right = pd.DataFrame(
        {'id':[1,2,3,4,5],
        'Name': ['Billy','Brian','Bran','Bryce','Betty'],
        'subject_id':['sub2','sub4','sub3','sub6','sub5']})
rs = pd.merge(left, right, on='subject_id', how='right')
print (rs)
```

执行以上代码，得到以下结果（右表为主，左表中未出现字段使用 NaN）：

	Name_x	id_x	subject_id	Name_y	id_y
0	Amy	2.0	sub2	Billy	1
1	Allen	3.0	sub4	Brian	2
2	Alice	4.0	sub6	Bryce	4
3	Ayoung	5.0	sub5	Betty	5
4	NaN	NaN	sub3	Bran	3

- outer 实例：

```
import pandas as pd
left = pd.DataFrame({
        'id':[1,2,3,4,5],
        'Name': ['Alex','Amy','Allen','Alice','Ayoung'],
        'subject_id':['sub1','sub2','sub4','sub6','sub5']})
right = pd.DataFrame(
        {'id':[1,2,3,4,5],
        'Name': ['Billy','Brian','Bran','Bryce','Betty'],
        'subject_id':['sub2','sub4','sub3','sub6','sub5']})
rs = pd.merge(left, right, how='outer', on='subject_id')
print (rs)
```

执行以上代码，得到以下结果（左右表为主，未出现字段使用 NaN）：

	Name_x	id_x	subject_id	Name_y	id_y
0	Alex	1.0	sub1	NaN	NaN
1	Amy	2.0	sub2	Billy	1.0
2	Allen	3.0	sub4	Brian	2.0
3	Alice	4.0	sub6	Bryce	4.0
4	Ayoung	5.0	sub5	Betty	5.0
5	NaN	NaN	sub3	Bran	3.0

- inner 实例：

```
import pandas as pd
left = pd.DataFrame({
        'id':[1,2,3,4,5],
        'Name': ['Alex','Amy','Allen','Alice','Ayoung'],
        'subject_id':['sub1','sub2','sub4','sub6','sub5']})
right = pd.DataFrame(
        {'id':[1,2,3,4,5],
        'Name': ['Billy','Brian','Bran','Bryce','Betty'],
        'subject_id':['sub2','sub4','sub3','sub6','sub5']})
rs = pd.merge(left, right, on='subject_id', how='inner')
print (rs)
```

执行以上代码，得到以下结果（SQL 内连接查询结果）：

	Name_x	id_x	subject_id	Name_y	id_y
0	Amy	2	sub2	Billy	1
1	Allen	3	sub4	Brian	2
2	Alice	4	sub6	Bryce	4
3	Ayoung	5	sub5	Betty	5

4.3 Pandas 数据清洗

4.3.1 缺失值处理

数据丢失(缺失)在现实工作和生活中是一个重要问题。机器学习和数据挖掘等领域由于数据缺失导致数据质量差,在模型预测的准确性上面临着严重的问题。在这些领域,缺失值处理是使模型更加准确和有效的重点。

造成数据缺失的原因是多方面的,主要有以下几种。

- 有些信息暂时无法获取,致使一部分属性值空缺。
- 有些信息因为一些人为因素而丢失了。
- 有些对象的某个或某些属性是不可用的,如一个未婚者的配偶姓名。
- 获取这些信息的代价太大,从而未获取数据。

想象一下有一个产品的在线调查,很多时候,人们不会分享与他们有关的所有信息,如使用产品的时间、经验,个人联系信息,因此,总会有一部分数据丢失,这是非常常见的现象。

缺失值处理的重要性在于,缺失值的存在造成了以下影响:

- 系统丢失了大量的有用信息;
- 系统的不确定性更加显著,系统中的确定性成分更难把握;
- 包含缺失值的数据会使挖掘过程陷入混乱,导致不可靠的输出。

下面将说明如何使用 Pandas 处理缺失值(如 NA 或 NaN)。

实例:

```
import pandas as pd
import numpy as np
df = pd.DataFrame(np.random.randn(5, 3), index = ['a', 'c', 'e', 'f','h'],
                 columns = ['one', 'two', 'three'])
df = df.reindex(['a', 'b', 'c', 'd', 'e', 'f', 'g', 'h'])
print (df)
```

执行以上代码,得到以下结果:

```
        one         two          three
a    0.691764    - 0.118095    - 0.950871
b       NaN          NaN          NaN
c    - 0.886898    0.053705    - 1.269253
```

d	NaN	NaN	NaN
e	-0.344967	-0.837128	0.730831
f	-1.193740	1.767796	0.888104
g	NaN	NaN	NaN
h	-0.755934	-1.331638	0.272248

使用重构索引(reindex)创建了一个包含缺失值的 DataFrame,在输出中,NaN 表示不是数字的值。

1. 检查缺失值

为了更容易地检查缺失值(以及跨越不同的数组 dtype),Pandas 提供了 isnull()和 notnull()函数,它们也是 Series 和 DataFrame 对象的方法。

实例 1:

```python
import pandas as pd
import numpy as np
df = pd.DataFrame(np.random.randn(5, 3), index = ['a', 'c', 'e', 'f','h'],
                  columns = ['one', 'two', 'three'])
df = df.reindex(['a', 'b', 'c', 'd', 'e', 'f', 'g', 'h'])
print (df['one'].isnull())
```

执行以上代码,得到以下结果:

```
a    False
b     True
c    False
d     True
e    False
f    False
g     True
h    False
Name: one, dtype: bool
```

实例 2:

```python
import pandas as pd
import numpy as np
df = pd.DataFrame(np.random.randn(5, 3), index = ['a', 'c', 'e', 'f','h'],
                  columns = ['one', 'two', 'three'])
df = df.reindex(['a', 'b', 'c', 'd', 'e', 'f', 'g', 'h'])
print (df['one'].notnull())
```

执行以上代码,得到以下结果:

```
a     True
b    False
c     True
d    False
e     True
f     True
```

```
g    False
h    True
Name: one, dtype: bool
```

2. 缺失值的计算

- 在进行数据求和时,NaN 将被视为 0。
- 如果数据全部是 NaN,那么结果将是 NaN。

实例 1:

```
import pandas as pd
import numpy as np
df = pd.DataFrame(np.random.randn(5, 3), index = ['a','c','e','f','h'],
                columns = ['one', 'two', 'three'])
df = df.reindex(['a','b','c','d','e','f','g','h'])
print (df['one'].sum())
```

执行以上代码,得到以下结果:

```
- 2.6163354325445014
```

实例 2:

```
import pandas as pd
import numpy as np
df = pd.DataFrame(index = [0,1,2,3,4,5],columns = ['one','two'])
print (df['one'].sum())
```

执行以上代码,得到以下结果:

```
NaN
```

3. 清理/填充缺失值

Pandas 提供了各种方法来清除缺失值。fillna() 函数可以通过以下几种方法用非空数据 "填充"缺失值。

(1) 用标量值替换 NaN

实例:

```
import pandas as pd
import numpy as np
df = pd.DataFrame(np.random.randn(3, 3), index = ['a','c','e'],columns = ['one','two', 'three'])
df = df.reindex(['a','b','c'])
print (df)
print ("用 0 替换 NaN:")
print (df.fillna(0))
```

执行以上代码,得到以下结果:

```
       one          two        three
a  - 0.479425   - 1.711840   - 1.453384
b      NaN          NaN          NaN
c  - 0.733606   - 0.813315    0.476788
```

用 0 替换 NaN：

```
          one          two        three
a    − 0.479425   − 1.711840   − 1.453384
b      0.000000     0.000000     0.000000
c    − 0.733606   − 0.813315     0.476788
```

在这里填充的是零值，当然，也可以填充任何其他的值。

（2）填充缺失值（前进和后退）

可使用填充概念来填补缺失值，如表 4-11 所示。

表 4-11　缺失值填充方法

方法	动作
pad/fill	填充方法向前
bfill/backfill	填充方法向后

实例 1：

```
import pandas as pd
import numpy as np
df = pd.DataFrame(np.random.randn(5, 3), index = ['a', 'c', 'e', 'f','h'],
                columns = ['one', 'two', 'three'])
df = df.reindex(['a', 'b', 'c', 'd', 'e', 'f', 'g', 'h'])
print (df.fillna(method = 'pad'))
```

执行以上代码，得到以下结果：

```
          one          two        three
a      0.614938   − 0.452498   − 2.113057
b      0.614938   − 0.452498   − 2.113057
c    − 0.118390     1.333962   − 0.037907
d    − 0.118390     1.333962   − 0.037907
e      0.699733     0.502142   − 0.243700
f      0.544225   − 0.923116   − 1.123218
g      0.544225   − 0.923116   − 1.123218
h    − 0.669783     1.187865     1.112835
```

实例 2：

```
import pandas as pd
import numpy as np
df = pd.DataFrame(np.random.randn(5, 3), index = ['a', 'c', 'e', 'f','h'],
                columns = ['one', 'two', 'three'])
df = df.reindex(['a', 'b', 'c', 'd', 'e', 'f', 'g', 'h'])
print (df.fillna(method = 'backfill'))
```

执行以上代码，得到以下结果：

```
          one          two        three
a      2.278454     1.550483   − 2.103731
b    − 0.779530     0.408493     1.247796
```

c	− 0.779530	0.408493	1.247796
d	0.262713	− 1.073215	0.129808
e	0.262713	− 1.073215	0.129808
f	− 0.600729	1.310515	− 0.877586
g	0.395212	0.219146	− 0.175024
h	0.395212	0.219146	− 0.175024

（3）排除缺失值

如果只想排除缺失值，则使用 dropna()函数和 axis 参数。默认情况下，axis = 0，即在行上应用，这意味着如果行内的任何值是缺失值，那么整行将被排除。

实例 1：

```
import pandas as pd
import numpy as np
df = pd.DataFrame(np.random.randn(5, 3), index = ['a','c','e','f','h'],
                  columns = ['one','two','three'])
df = df.reindex(['a','b','c','d','e','f','g','h'])
print (df.dropna())
```

执行以上代码，得到以下结果：

	one	two	three
a	− 0.719623	0.028103	− 1.093178
c	0.040312	1.729596	0.451805
e	− 1.029418	1.920933	1.289485
f	1.217967	1.368064	0.527406
h	0.667855	0.147989	− 1.035978

实例 2：

```
import pandas as pd
import numpy as np
df = pd.DataFrame(np.random.randn(5, 3), index = ['a','c','e','f','h'],
                  columns = ['one','two','three'])
df = df.reindex(['a','b','c','d','e','f','g','h'])
print (df.dropna(axis = 1))
```

执行以上代码，得到以下结果：

```
Empty DataFrame
Columns：[]
Index：[a, b, c, d, e, f, g, h]
```

（4）替换缺失（或）通用值

很多时候，必须用一些具体的值取代通用的值，可以通过应用替换方法来实现这一点。用标量值替换缺失值是 fillna()函数的等效行为。

实例：

```
import pandas as pd
import numpy as np
```

```
df = pd.DataFrame({'one':[10,20,30,40,50,2000],'two':[1000,0,30,40,50,60]})
print (df.replace({1000:10,2000:60}))
```

执行以上代码,得到以下结果:

```
   one  two
0  10   10
1  20   0
2  30   30
3  40   40
4  50   50
5  60   60
```

4.3.2　异常值处理

异常值是指样本中的个别值,其数值明显偏离其余的观测值。异常值也称离群点,异常值的分析也称离群点的分析。异常值的一般处理方法如下:

- 异常值分析 → 3σ 原则/箱形图分析。
- 异常值处理方法 → 删除/修正填补。

1. 3σ 原则

3σ 原则:如果数据服从正态分布,则异常值被定义为一组测定值中与平均值的偏差超过 3 倍标准差的值。$P(|x-\mu|>3\sigma)\leqslant0.003$。

实例:

```
import numpy as np
import pandas as pd
import matplotlib.pyplot as plt
from scipy import stats
# 异常值分析
data = pd.Series(np.random.randn(10000) * 100)
print(data.head())
# 创建数据
u = data.mean()   # 计算均值
std = data.std()   # 计算标准差
stats.kstest(data, 'norm', (u, std))
# 正态分布的方式,得到 KstestResult(statistic = 0.012627414595288711,
  pvalue = 0.082417721086262413),P 值>0.5
print('均值为:%.3f,标准差为:%.3f' % (u,std))
print('------')
# 正态性检验
fig = plt.figure(figsize = (10,6))
ax1 = fig.add_subplot(2,1,1)
data.plot(kind = 'kde',grid = True,style = '-k',title = '密度曲线')
plt.axvline(3 * std,hold = None,color = 'r',linestyle = "--",alpha = 0.8)   #3倍的标准差
plt.axvline(-3 * std,hold = None,color = 'r',linestyle = "--",alpha = 0.8)
# 绘制数据密度曲线
```

```
error = data[np.abs(data - u) > 3 * std]    # 超过 3 倍标准差的数据 (即异常值) 被筛选出来
data_c = data[np.abs(data - u) < 3 * std]
print('异常值共 % i 条' % len(error))
ax2 = fig.add_subplot(2, 1, 2)
plt.scatter(data_c.index, data_c, color = 'k', marker = '.', alpha = 0.3)
plt.scatter(error.index, error, color = 'r', marker = '.', alpha = 0.7)
plt.xlim([ - 10,10010])
plt.grid()
# 图形呈现
```

执行以上代码, 得到图 4-3 所示的图形。

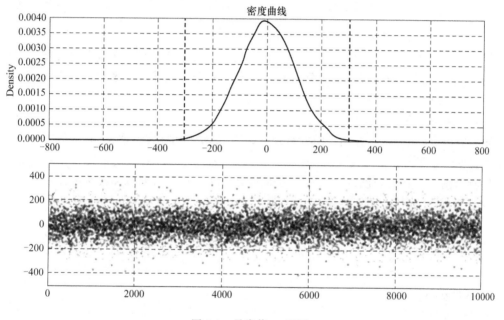

图 4-3 异常值 3σ 原则

2. 箱形图分析

箱形图 (box plot) 又称盒式图、盒状图或箱线图, 是一种用于显示一组数据分散情况资料的统计图, 因形状如箱子而得名, 在各种领域中经常被使用, 常见于品质管理、快速识别异常值。

箱形图最大的优点是不受异常值的影响, 能够准确稳定地描绘出数据的离散分布情况, 同时有利于数据的清洗。

箱形图如图 4-4 所示, 重要的概念有上四分位数、下四分位数、中位数等。

箱形图的价值如下所述。

(1) 直观明了地识别数据批中的异常值

上文介绍了识别异常值, 可以看出箱形图判断异常值的标准以四分位数和四分位距为基础, 四分位数具有一定的耐抗性, 多达 25% 的数据可以变得任意远而不会很大地扰动四分位数, 所以异常值不会影响箱形图的数据形状, 箱形图识别异常值的结果比较客观。由此可见, 箱形图在识别异常值方面有一定的优越性。

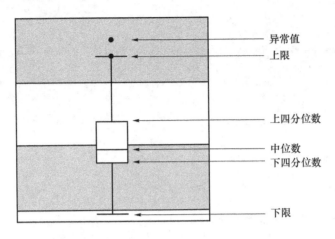

图 4-4　箱形图

（2）利用箱形图判断数据批的偏态和尾重

对于服从标准正态分布的样本，只有极少值为异常值。异常值越多说明尾部越重，自由度越小（即自由变动的量的个数）。而偏态表示偏离程度：异常值集中在较小值一侧，则分布呈左偏态；异常值集中在较大值一侧，则分布呈右偏态。

（3）利用箱形图比较几批数据的形状

同一数轴上，几批数据的箱形图并行排列，几批数据的中位数、尾长、异常值、分布区间等形状信息便一目了然。

但箱形图也有其局限性，例如：不能精确地衡量数据分布的偏态和权重程度；对于批量比较大的数据，反映的信息更加模糊；用中位数代表总体评价水平有一定的局限性。

实例：

```python
import numpy as np
import pandas as pd
import matplotlib.pyplot as plt
from scipy import stats
# 创建数据
data = pd.Series(np.random.randn(10000) * 100)
print(data.head())
# 利用箱形图看数据分布情况，以内限为界
fig = plt.figure(figsize = (10,6))
ax1 = fig.add_subplot(2,1,1)
color = dict(boxes = 'DarkGreen', whiskers = 'DarkOrange', medians = 'DarkBlue', caps = 'Gray')
data.plot.box(vert = False, grid = True,color = color,ax = ax1,label = '样本数据')
s = data.describe()
print(s)
print('------')
# 基本统计量
q1 = s['25%']
q3 = s['75%']
iqr = q3 - q1
```

```
mi = q1 - 1.5 * iqr
ma = q3 + 1.5 * iqr
print('分位差为：%.3f,下限为：%.3f,上限为：%.3f' % (iqr,mi,ma))
print('------')
# 计算分位差
ax2 = fig.add_subplot(2,1,2)
error = data[(data < mi) | (data > ma)]
data_c = data[(data >= mi) & (data <= ma)]
print('异常值共%i条' % len(error))
# 筛选出异常值 error、剔除异常值之后的数据 data_c
plt.scatter(data_c.index,data_c,color = 'k',marker = '.',alpha = 0.3)
plt.scatter(error.index,error,color = 'r',marker = '.',alpha = 0.5)
plt.xlim([-10,10010])
plt.grid()
# 图形呈现
```

执行以上代码，得到图 4-5 所示的图形。

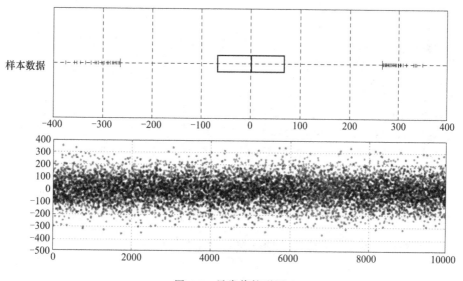

图 4-5　异常值箱形图

4.3.3　重复值处理

重复值处理是数据清洗的一个步骤，主要是为了处理重复录入的数据或者通过不同来源重复调查得到的同样（更新）的数据。

案例分析：公司项目负责人交代一项任务，将公司从某个渠道拿到的资料（电话）整理一下，发给营销部门同事使用。打开 phonebook.csv 看到如下内容：

```
姓名,手机号,固定电话
张晓散,18020001591,05746211
李孝思,18819455908,05746222
```

```
王笑武,18020111591,05746245
陈肖柳,18025812138,05746564
孙萧齐,18121312138,05743453
张晓散,18020001591,05746211
李孝思,13812138908,05746222
```

内容中有两个张晓散,号码都是一样的,还有两个李孝思,固定电话是一样的,但手机号不一样,可以考虑是换手机号了。那么要做的应该是:

- 删除姓名、手机号和固定电话完全相同的某些行,保留其中的一行即可;
- 选择一个李孝思,删除一个李孝思。

电话本中最后面的是最新的登记内容,根据实际场景分析,应该保留后面的李孝思。

实例:

```
import pandas as pd
phonebook = pd.read_csv('phonebook.csv')
print(phonebook.duplicated())
pb2 = phonebook.drop_duplicates()
print(pb2)
```

运行结果如下:

	姓名	手机号	固定电话
0	张晓散	18020001591	5746211
1	李孝思	18819455908	5746222
2	王笑武	18020111591	5746245
3	陈肖柳	18025812138	5746564
4	孙萧齐	18121312138	5743453
6	李孝思	13812138908	5746222

可以看到依然有两个李孝思,查看帮助,会发现 drop_duplicates()方法中默认是对比所有列的内容,那样肯定没法剔除旧的内容而保存更新后的内容,毕竟更新的内容和旧的内容不完全一样,可以设置选择保存最后的值,于是修改代码如下:

```
pb3 = pb2.drop_duplicates(['姓名','固定电话'], keep = 'last')
print(pb3)
```

结果如下,我们删除了重复数据:

	姓名	手机号	固定电话
0	张晓散	18020001591	5746211
2	王笑武	18020111591	5746245
3	陈肖柳	18025812138	5746564
4	孙萧齐	18121312138	5743453
6	李孝思	13812138908	5746222

4.4 本章小结

Python Pandas 含有使数据清洗和分析工作变得更快更简单的数据结构和操作工具。

Pandas 经常和其他工具一同使用,如数值计算工具 NumPy 和 SciPy、分析库 statsmodels 和 scikit-learn 以及数据可视化库 Matplotlib。Pandas 是基于 NumPy 数组构建的,特别是基于数组的函数和不使用 for 循环的数据处理。虽然 Pandas 采用了大量的 NumPy 编码风格,但 Pandas 是专门为处理表格和混杂数据设计的,而 NumPy 更适合处理统一的数值数组数据。

Pandas 中有两个主要的数据结构:Series 和 DataFrame。Series 是一种类似于一维数组的对象,它由一组数据(各种 NumPy 数据类型)以及一组与之相关的数据标签(即索引)组成。DataFrame 是一种表格型的数据结构,它含有一组有序的列,每列可以对应不同的值类型(数值、字符串、布尔值等)。DataFrame 既有行索引也有列索引,可以看作由 Series 组成的字典(共用同一个索引)。DataFrame 中的数据是以一个或多个二维块存放的(而不是列表、字典或其他一维数据结构)。

Pandas 中常用的数据处理方式包括:重复值处理、异常值处理、缺失值处理。

4.5 本章作业

1. 在校生饮酒消费数据分析如下。
步骤 1:导入相关的模块。
步骤 2:导入数据,并赋值给变量 df。
步骤 3:连续切片(获取[school:guardian]两列以及中间的所有数据)。
步骤 4:对数据列 Mjob 和 Fjob 中所有的数据实现首字母大写。
步骤 5:创建一个名为 majority 的函数,根据 age 列数据返回布尔值并添加到新的数据列,列名为 legal_drinker(根据 age 列数据,18 岁及 18 岁以上为 True)。

第 5 章
Matplotlib 绘图库

数据可视化指的是通过可视化表示来探索数据,它与数据挖掘紧密相关,而数据挖掘指的是使用代码来探索数据集的规律和关联。数据集可以是用一行代码就能表示的小型数字列表,也可以是数以吉字节的数据。

漂亮地呈现数据关乎的并不仅仅是漂亮的图片。应以引人注目的简洁方式呈现数据,让观看者能够明白其含义,发现数据集中原本未被意识到的规律和意义。所幸即便没有超级计算机,也能够可视化复杂的数据。鉴于 Python 的高效性,使用它在笔记本电脑上就能快速地探索由数百万个数据点组成的数据集。数据点并非必须是数字,利用本书介绍的基本知识,也可以对非数字数据进行分析。

在基因研究、天气研究、政治经济分析等众多领域,大家都使用 Python 来完成数据密集型呈现工作。最流行的工具是 Matplotlib 和 Seaborn,Matplotlib 是一个数学绘图库,我们将使用它来制作简单的图表,如折线图和散点图。然后我们将基于随机漫步概念生成一个更有趣的数据集——根据一系列随机决策数据生成的图表。

5.1 Matplotlib 的基本使用

5.1.1 Matplotlib 简介

Matplotlib 是非常强大的 Python 画图工具,Matplotlib 可以画图线图、散点图、等高线图、条形图(柱状图)、3D 图形、图形动画等。要了解使用 Matplotlib 可制作的各种图表,请访问 http://matplotlib.org/的示例画廊,单击画廊中的图表就可以查看用于生成图表的代码。

下面使用 Matplotlib 绘制一个简单的折线图,再对其进行定制,以实现信息更丰富的数据可视化。我们将使用平方数序列 1,4,9,16,25 来绘制这个折线图。只需向 Matplotlib 提供如下数字,Matplotlib 就能完成其他的工作:

```
import matplotlib.pyplot as plt
squares = [1, 4, 9, 16, 25]
plt.plot(squares)
plt.show()
```

我们首先导入了模块 pyplot,并给它指定了别名"plt",以免反复输入"pyplot",在线示例大都这样做。模块 pyplot 包含很多用于生成图表的函数。

我们创建了一个列表,在其中存储了前述平方数,再将这个列表传递给函数 plot(),该函数尝试根据这些数字绘制出有意义的图形。利用"plt. show()"命令打开 Matplotlib 查看器,并显示绘制的图形,如图 5-1 所示。查看器可以实现缩放和导航图形,另外,单击磁盘图标可保存图形。

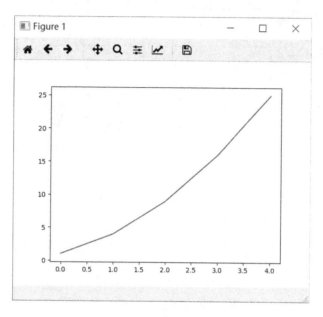

图 5-1　简单的折线图

5.1.2　Matplotlib 的基本属性和方法

案例:使用 Matplotlib 的基本属性和方法。

第 1 步:导入模块,并设置显示中文和负号的属性。

```
import matplotlib.pyplot as plt
import numpy as np
plt.rcParams['font.sans - serif'] = ['SimHei']   # 用于正常显示中文标签
plt.rcParams['axes.unicode_minus'] = False      # 用于正常显示负号
```

第 2 步:创建 x 轴数据,从 $-\pi$ 到 π 平均取 256 个点。

```
x = np.linspace( - np.pi,np.pi,256,endpoint = True)    # 获取 x 坐标
```

第 3 步:创建 y 轴数据,根据 X 的值,求正弦和余弦函数。

```
sin,cos = np.sin(X),np.cos(X)   # 获取 y 坐标
```

第 4 步:绘制正弦、余弦函数曲线,并将图形显示出来。正弦函数曲线的线型为实线,线宽为 2.5 mm;余弦函数曲线的线型为虚线,线宽为 2.5 mm。显示结果如图 5-2 所示。

```
plt.plot(X,sin,lw = 2.5,label = "正弦 Sin()",linestyle = " - ")
♯X:x 轴;sin:y 轴;lw:linewidth,线宽;label:线条的名称,可用于后面的图例
plt.plot(X,cos,lw = 2.5,label = "余弦 Cos()",linestyle = " - .")
plt.show()   ♯显示图表
```

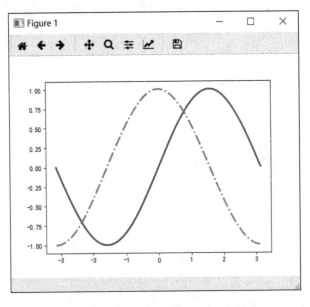

图 5-2　正弦、余弦函数曲线

第 5 步:设置坐标轴的范围,将 x 轴、y 轴同时拉伸 1.5 倍。显示结果如图 5-3 所示。

```
plt.xlim(X.min() * 1.5,X.max() * 1.5)
plt.ylim(cos.min() * 1.5,cos.max() * 1.5)
```

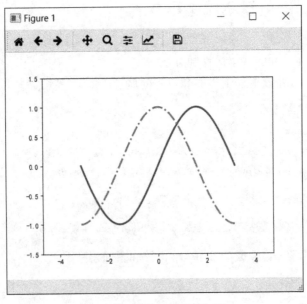

图 5-3　设置坐标轴的范围

第 6 步:设置 x 轴、y 轴的坐标刻度。显示结果如图 5-4 所示。

```
plt.xticks([-np.pi,-np.pi/2,0,np.pi/2,np.pi],[r'$-\pi$',r'$-\pi/2$',r'$0$',r'$\pi/2$',
        r'$\pi$'])
plt.yticks([-1,0,1])
```

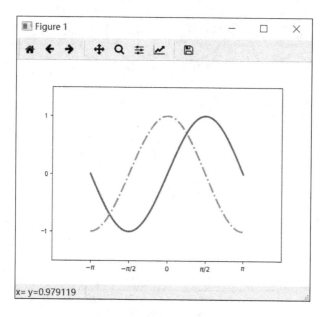

图 5-4　设置 x 轴、y 轴的坐标刻度

第 7 步:为图添加标题,标题名称为"绘图实例之 COS()&SIN()",文本大小设置为 16。显示结果如图 5-5 所示。

```
plt.title("绘图实例之 COS()&SIN()",fontsize=16)
```

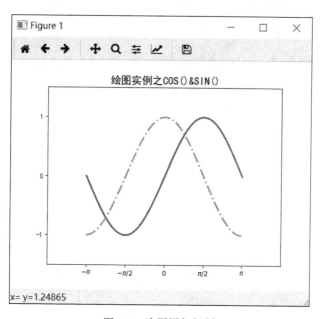

图 5-5　为图添加标题

第 8 步：在图右下角位置添加备注标签，标签文本为"By：北邮出版社"，文本大小为 16。显示结果如图 5-6 所示。

```
plt.text( + 2.1, - 1.4,"By:北邮出版社",fontsize = 16)
```

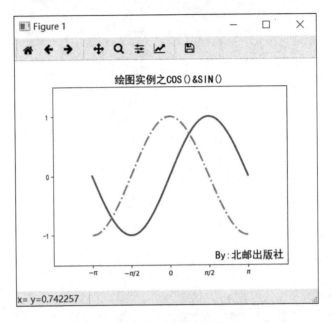

图 5-6　添加备注标签

第 9 步：获取 Axes 对象，并隐藏右边界和上边界。显示结果如图 5-7 所示。

```
ax = plt.gca()    ♯获取 Axes 对象
ax.spines['right'].set_color('none')        ♯隐藏右边界
ax.spines['top'].set_color('none')          ♯隐藏上边界
```

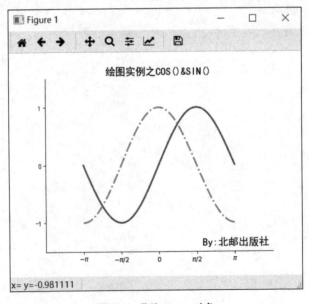

图 5-7　获取 Axes 对象

第 10 步:将 x 轴的坐标刻度设置在坐标轴下侧,x 轴平移至经过点(0,0)的位置。显示结果如图 5-8 所示。

```
ax.xaxis.set_ticks_position('bottom')        #x轴的坐标刻度设置在坐标轴下侧
ax.spines['bottom'].set_position(('data',0)) #x轴平移至经过点(0,0)的位置
```

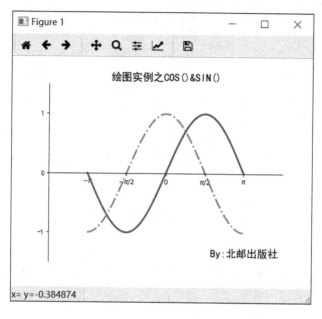

图 5-8　x 轴变化

第 11 步:将 y 轴的坐标刻度设置在坐标轴左侧,y 轴平移至经过点(0,0)的位置。显示结果如图 5-9 所示。

```
ax.yaxis.set_ticks_position('left')        #y轴的坐标刻度设置在坐标轴左侧
ax.spines['left'].set_position(('data',0)) #y轴平移至经过点(0,0)的位置
```

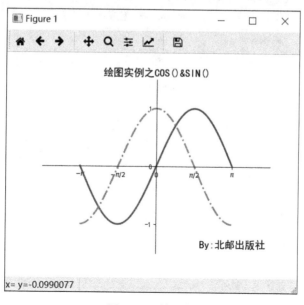

图 5-9　y 轴变化

第 12 步：添加图例，设置图例位置为左上角，图例文字大小为 12。显示结果如图 5-10 所示。

```
plt.legend(loc = "upper left",fontsize = 12)
```

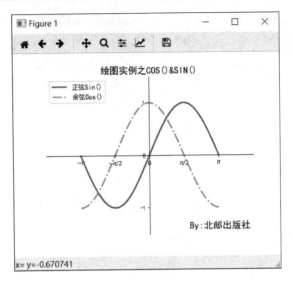

图 5-10　添加图例

第 13 步：在正弦函数曲线上找出 $x = \dfrac{2}{3}\pi$ 的位置，并作出与 x 轴垂直的虚线，线宽设置为 1.5 mm；在余弦函数曲线上找出 $x = -\pi$ 的位置，并作出与 x 轴垂直的虚线，线宽设置为 1.5 mm。显示结果如图 5-11 所示。

```
t1 = 2 * np.pi/3  # 设定第一个点的 x 轴值
t2 = - np.pi      # 设定第二个点的 x 轴值
plt.plot([t1,t1],[0,np.sin(t1)], linewidth = 1.5,linestyle = "- -")
# 第一个列表是 x 轴坐标值,第二个列表是 y 轴坐标值
# 这两个点坐标分别为(t1,0)和(t1,np.sin(t1)),根据两点画直线
plt.plot([t2,t2],[0,np.cos(t2)], linewidth = 1.5,linestyle = "- -")
# 这两个点坐标分别为(t2,0)和(t2,np.cos(t2)),根据两点画直线
```

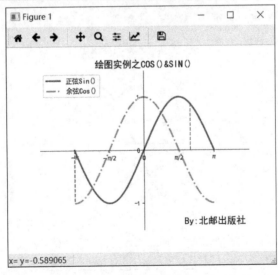

图 5-11　垂直线

第14步：用绘制散点图的方法在正弦、余弦函数曲线上标注上述两个点的位置，设置点大小为50。显示结果如图5-12所示。

```
plt.scatter([t1,],[np.sin(t1),], 50)
plt.scatter([t2,],[np.cos(t2),], 50)
```

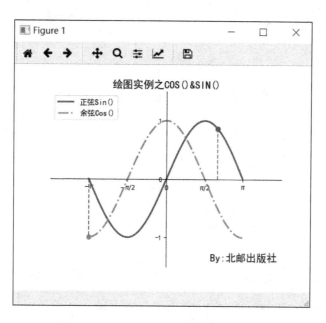

图 5-12　散点与垂直线

第15步：为图添加注释。显示结果如图5-13所示。

```
plt.annotate(r'$ \sin(\frac{2\pi}{3}) = \frac{\sqrt{3}}{2} $',
            xy = (t1,np.sin(t1)),        #点的位置
            xycoords ='data',            #注释文字的偏移量
            xytext = ( +10, +30),        #文字离点的横纵距离
            textcoords ='offset points',
            fontsize = 14,               #注释文字的大小
            arrowprops = dict(arrowstyle = "->",connectionstyle = "arc3,rad = .2"))
                                         #箭头指向的弯曲度
plt.annotate(r'$ \cos( -\pi) = -1 $',
            xy = (t2,np.cos(t2)),        #点的位置
            xycoords ='data',            #注释文字的偏移量
            xytext = (0,  40),           #文字离点的横纵距离
            textcoords ='offset points',
            fontsize = 14,               #注释文字的大小
            arrowprops = dict(arrowstyle = "->",connectionstyle = "arc3,rad = .2"))
                                         #箭头指向的弯曲度
```

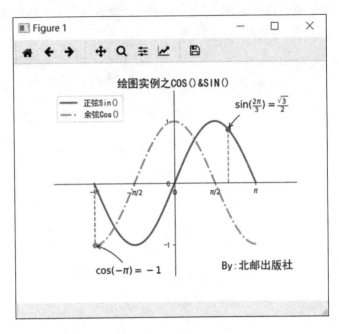

图 5-13 添加注释

第 16 步：获取 x, y 轴的刻度，并设置文字大小。显示结果如图 5-14 所示。

```
for label in ax.get_xticklabels() + ax.get_yticklabels():     #获取刻度
    label.set_fontsize(18)                                     #设置刻度文字大小
```

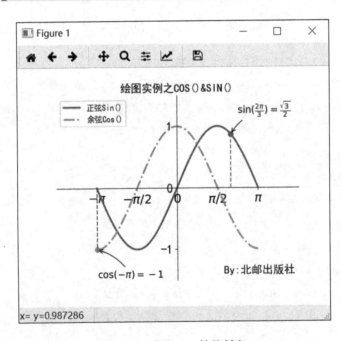

图 5-14 获取 x, y 轴的刻度

使用". set_bbox"还可以给刻度文本添加边框，如果给全局文本添加边框，可以将此放在循环里，如果对单个刻度文本进行设置，可以放在循环外部：

```
for label in ax.get_xticklabels() + ax.get_yticklabels():     #获取刻度
    label.set_fontsize(18)                                     #设置刻度文字大小
    label.set_bbox(dict(facecolor = 'r',edgecolor = 'g',alpha = 0.5))
#set_bbox:为刻度添加边框
#facecolor:背景填充颜色
#edgecolor:边框颜色
#alpha:透明度
```

第 17 步:绘制网格线。显示结果如图 5-15 所示。

```
plt.grid()
```

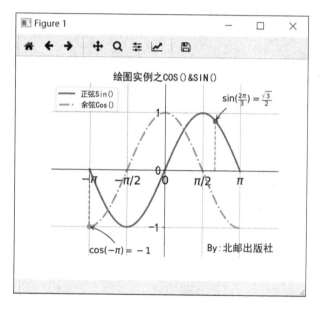

图 5-15　绘制网格线

第 18 步:保存图,名称为"正弦和余弦函数.PNG",dpi 设置为 300。

```
plt.savefig("正弦和余弦函数.PNG",dpi = 300)
```

至此,通过 Python Matplotlib 库进行正弦和余弦函数曲线绘制已完成。

5.2　Matplotlib 多种图形的绘制

5.2.1　散点图绘制

1. 散点图简单案例

散点图是指在回归分析中,数据点在直角坐标系平面上的分布图,散点图表示因变量随自变量变化的大致趋势,据此可以选择合适的函数对数据点进行拟合。

用两组数据构成多个坐标点,考察坐标点的分布,判断两变量之间是否存在某种关联或总结坐标点的分布模式。散点图将序列显示为一组点,值由点在图中的位置表示,类别由图中的不同标记表示。散点图通常用于显示和比较数值,如科学数据、统计数据和工程数据。

案例:使用 NumPy 包的 random 函数随机生成 100 组数据,然后通过 scatter()函数绘制散点图。实例代码如下:

```
import matplotlib.pyplot as plt
import numpy as np
plt.rcParams['font.sans - serif'] = ['SimHei']        #用于正常显示中文标签
plt.rcParams['axes.unicode_minus'] = False            #用于正常显示负号
N = 100
x = np.random.randn(N)
y = np.random.randn(N)
plt.scatter(x,y)
plt.title("散点图示例 01")                               #显示图名称
plt.xlabel("x 轴")                                      #x 轴名称
plt.ylabel("y 轴")                                      #y 轴名称
plt.text( + 1.2, - 3,"By:北邮出版社",fontsize = 16)
plt.show()
```

运行结果如图 5-16 所示。

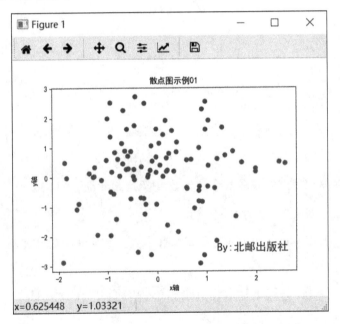

图 5-16　散点图简单案例

2. scatter()函数简介

scatter()函数的格式具体如下:

```
scatter (x, y, s = None, c = None, marker = None, cmap = None, norm = None, vmin = None,
        vmax = None, alpha = None, linewidths = None, verts = None, edgecolors = None,
        hold = None, data = None, * * kwargs)
```

scatter()函数主要参数详解如表 5-1 所示。

表 5-1　scatter( )函数主要参数详解

参数	含义
x, y	形如 shape(n,m)的数组,可选值
s	点的大小(即面积),默认为 20
c	点的颜色或颜色序列,默认为蓝色。其他如 c = 'r' (red); c = 'g' (green); c = 'k' (black); c = 'y'(yellow)
marker	标记样式,可选值,默认是圆点
cmap	colormap,用于表示从第一个点到最后一个点的颜色渐变
norm	normalize
vmin	最小值
vmax	最大值
alpha	标记的颜色透明度,可以理解为颜色的属性之一
linewidths	标记边框的宽度值
verts	模型的顶点数量
edgecolors	标记边框的颜色
data	数据
** kwargs	多个参数

3. scatter( )函数主要参数示例

① x, y:横纵坐标,数据坐标(data position)。以下示例的显示结果如图 5-17 所示。

```
import matplotlib.pyplot as plt
plt.scatter(x = 0.5, y = 0.5)
plt.show()
```

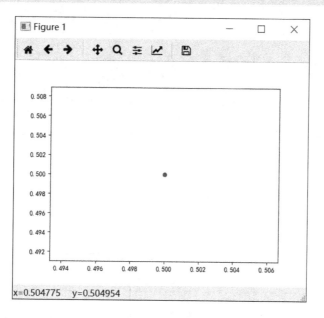

图 5-17　单点图

② marker:图标,默认是圆点,也可以是其他形状。下面的例子将 marker 设置成了"d"(diamond),显示结果如图 5-18 所示。

```
import matplotlib.pyplot as plt
plt.scatter(x = 0.5,y = 0.5,marker = 'd')
plt.show()
```

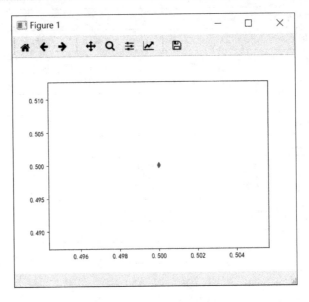

图 5-18 改变形状的散点图

marker 也可以是文字。以下示例的显示结果如图 5-19 所示。

```
import matplotlib.pyplot as plt
plt.scatter(x = 0.5,y = 0.5,marker = '$ python $')
plt.show()
```

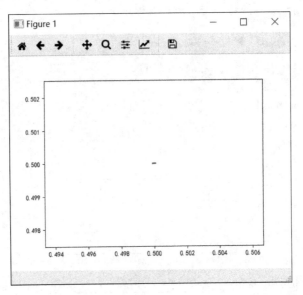

图 5-19 使用文本形状的散点图

图 5-19 中的文字因为太小了,所以看不到,通过参数 s(size)可以调整"点"的大小。
③ s:size,大小,默认为 20。以下示例的显示结果如图 5-20 所示。

```
import matplotlib.pyplot as plt
plt.scatter(x = 0.5,y = 0.5,s = 10000,marker = '$ python $')
plt.show()
```

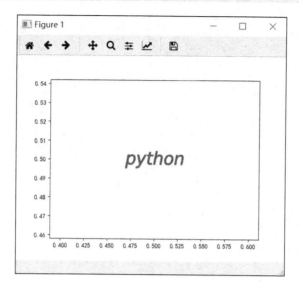

图 5-20   size 参数

④ c:color,点的颜色或颜色序列,默认是 b(蓝色),支持的颜色参数如表 5-2 所示。以下示例的显示结果如图 5-21 所示(颜色为红色)。

表 5-2   颜色

b	c	g	k	m	r	w	y
blue	cyan	green	black	magenta	red	white	yellow
蓝色	青色	绿色	黑色	洋红	红色	白色	黄色

```
import matplotlib.pyplot as plt
plt.scatter(x = 0.5,y = 0.5,s = 10000,c = 'r', marker = '$ python $')
plt.show()
```

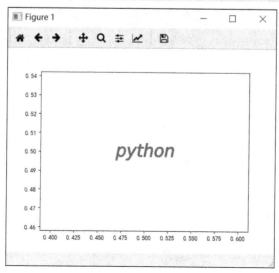

图 5-21   color 参数

⑤ alpha：透明度，可以理解为颜色的属性之一。alpha 的范围为[0，1]，从透明到不透明，上面的例子中 alpha 为 1，alpha 为 0.5 的效果如图 5-22 所示。

```
import matplotlib.pyplot as plt
plt.scatter(x = 0.5,y = 0.5,s = 10000,c = 'r',alpha = 0.5,marker = '$ python $')
plt.show()
```

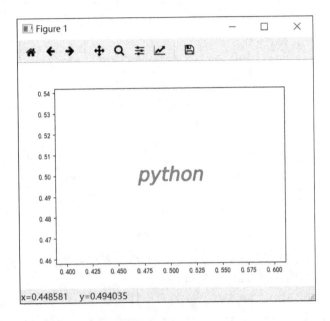

图 5-22　alpha 参数

⑥ edgecolors：the edge color of the marker，标记边框的颜色。下面的例子中将边的颜色设置成了蓝色。

```
import matplotlib.pyplot as plt
plt.scatter(x = 0.5,y = 0.5,s = 10000,c = 'r',alpha = 1,marker = 'd',edgecolors = 'b')
plt.show()
```

但在以上示例的显示结果中看不出来"边"的颜色是蓝色，此时应设置 linewidths。

⑦ linewidths：the edge size of the marker，标记边框的宽度。以下示例的显示结果如图 5-23 所示。

```
import matplotlib.pyplot as plt
plt.scatter(x = 0.5,y = 0.5,s = 10000,c = 'r',alpha = 1,marker = 'd',linewidths = 10,
            edgecolors = 'b')
plt.show()
```

⑧ cmap：a colormap is a series of colors in a gradient that moves from a starting to ending color。注意到是"a series of"，这个参数用于多个点之间，只有一个点就无意义了。注意到"gradient"即量级、程度，用于表示从第一个点到最后一个点的颜色渐变。以下示例的显示结果如图 5-24 所示。

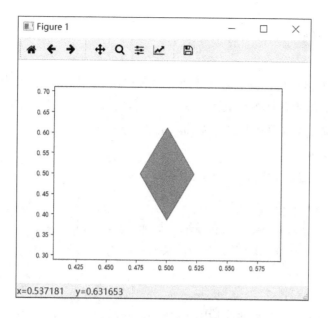

图 5-23　linewidths 参数

```
import matplotlib.pyplot as plt
x1 = list(range(0,60))
y1 = list(range(0,60))
plt.scatter(x = x1,y = y1,marker = 'd',s = 10,c = y1,cmap = plt.cm.Reds)
plt.show()
```

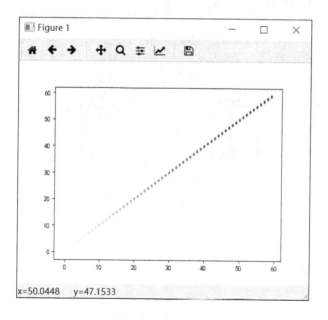

图 5-24　cmap 参数

注意　c＝y1,此时不再是颜色的名称,而是一个序列,并且值等于"点"数量值(不匹配则会出错)。只有 c 是一个 array 或一个 sequence 时,用 cmap 才有意义。

5.2.2 饼图绘制

饼图(sector graph/pie graph)常用于统计学模块。饼图比较适合展示一个总体中各个类别所占的比例,如商场年度营业额中各类商品、不同员工的占比,家庭年度开销中不同类别的占比等。Python 饼图绘制用到的方法为 matplotlib. pyplot. pie()。

1. 饼图简单案例

以下示例的显示结果如图 5-25 所示。

```python
import matplotlib.pyplot as plt
plt.rcParams['font.sans-serif'] = ['SimHei']  #用于正常显示中文标签
labels = ['娱乐','育儿','饮食','房贷','交通','其他']
sizes = [2,5,12,70,2,9]
explode = (0,0,0,0.1,0,0)
plt.pie(sizes,explode = explode,labels = labels,autopct ='%1.1f%%',shadow = False,
        startangle = 150)
plt.title("饼图示例-8月份家庭支出")
plt.show()
```

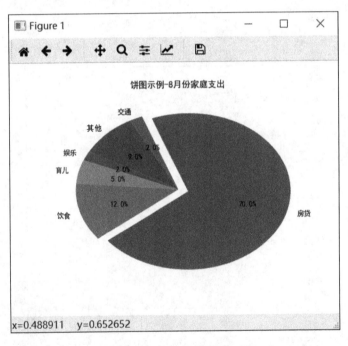

图 5-25　饼图简单案例

图 5-25 所示的饼图为椭圆形,可加入以下命令将之显示为长宽相等的饼图,如图 5-26 所示。

```python
plt.axis('equal')     #此行代码使饼图长宽相等
```

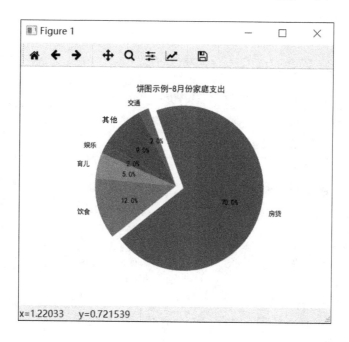

图 5-26 饼图长宽相等

2. pie( )函数简介

pie( )函数的格式如下：

```
def pie(sizes, explode = None, labels = None, colors = None, autopct = None,
        pctdistance = 0.6, shadow = False, labeldistance = 1.1, startangle = None,
        radius = None, counterclock = True, wedgeprops = None, textprops = None,
        center = (0, 0), frame = False, rotatelabels = False, hold = None, data = None)
```

pie( )函数主要参数详解如表 5-3 所示。

表 5-3　pie( )函数主要参数详解

参数	含义
sizes	数组形式的数据，自动计算其中每个数据的占比并确定对应的扇形的面积
explode	取值可以为 None 或与 sizes 等长的数组，用于指定每个扇形沿半径方向相对于圆心的偏移量，None 表示不进行偏移
colors	可以为 None 或包含颜色值的序列，用于指定每个扇形的颜色，如果颜色数量少于扇形数量就循环使用这些颜色
labels	与 sizes 等长的字符串序列，用于指定每个扇形的文本标签
autopct	用于设置在扇形内部使用数字值作为标签显示时的格式
pctdistance	用于设置每个扇形的中心与 autopct 指定的文本之间的距离，默认为 0.6
labeldistance	每个饼标签绘制时的径向距离
shadow	True/False，用于设置是否显示阴影
startangle	设置饼图第一个扇形的起始角度，相对于 x 轴并沿逆时针方向计算

参数	含义
radius	用于设置饼图的半径,默认为 None
counterclock	True/False,用于设置饼图中每个扇形的绘制方向
center	(x,y) 形式的元组,用于设置饼图的圆心位置
frame	True/False,用于设置是否显示边框

3. pie( )函数主要参数示例

以下示例的显示结果如图 5-27 所示。

```
import matplotlib.pyplot as plt
plt.rcParams['font.sans - serif'] = ['SimHei'] #用于正常显示中文标签
labels = 'A','B','C','D'
sizes = [10,10,10,70]
plt.pie(sizes,labels = labels)
plt.title("饼图详解示例")
plt.text(1, - 1.2,'By:Python')
plt.show()
```

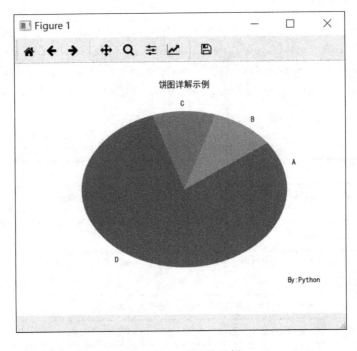

图 5-27 pie()函数示例

① sizes:每个扇形的比例,为必填项,如果总和大于 1,则将对多出的部分进行均分。以下示例的显示结果如图 5-28 所示。

```
sizes = [10,10,20,60]
```

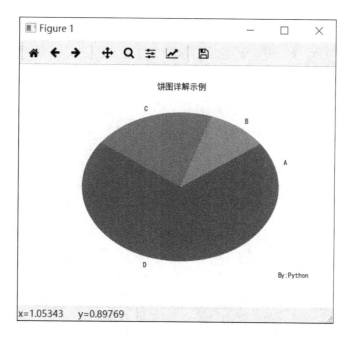

图 5-28　sizes 参数

② labels：每个扇形外侧显示的说明文字。以下示例的显示结果如图 5-29 所示。

```
labels = 'A','B','C','Change'
```

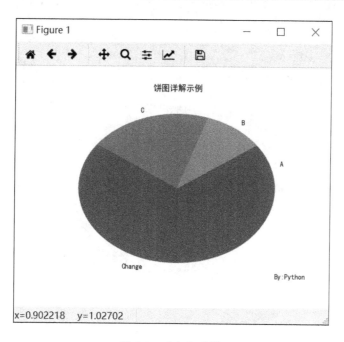

图 5-29　labels 参数

③ explode：每个扇形相对于中心的偏移量，默认为 None，表示不进行偏移。以下示例的显示结果如图 5-30 所示。

```
explode = (0,0,0.1,0)　#将第三块分离出来
```

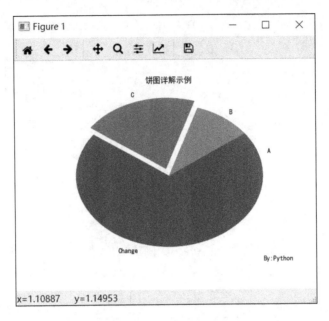

图 5-30 explode 参数

④ colors：数组，可选参数，默认为 None，用于标注每个扇形的 Matplotlib 颜色参数序列。如果为 None，将使用当前活动环的颜色。以下示例的显示结果如图 5-31 所示。

```
colors = ['r','g','y','b']    #自定义颜色列表
plt.pie(sizes,explode = explode,labels = labels,colors = colors)
```

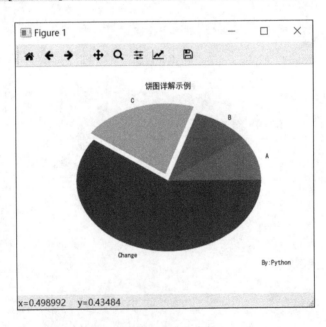

图 5-31 colors 参数

⑤ shadow：是否显示阴影，默认为 False，即没有阴影。将其设置为 True，显示结果如图 5-32 所示。

```
plt.pie(sizes,explode = explode,labels = labels,colors = colors,shadow = True)    # 添加阴影
```

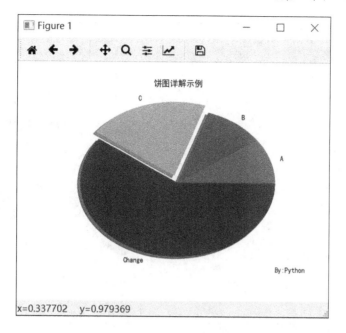

图 5-32 shadow 参数

⑥ autopct：控制饼图内百分比设置，可以使用 format 字符串或者 format 函数。'%1.1f' 表示小数点后保留一位有效数字。以下示例的显示结果如图 5-33 所示。

```
plt.pie(sizes,explode = explode,labels = labels,colors = colors,autopct = '%1.1f',shadow = True)
```

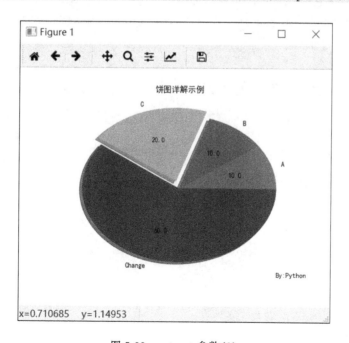

图 5-33 autopct 参数(1)

以下示例的显示结果如图 5-34 所示。

```
plt.pie(sizes,explode = explode,labels = labels,colors = colors,autopct = '%1.2f % %',
        shadow = True) #保留两位小数,增加百分号(%)
```

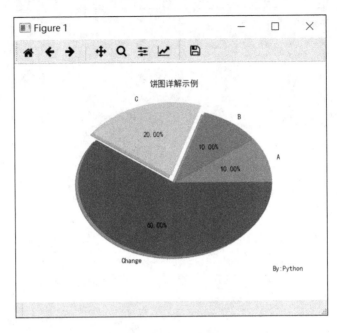

图 5-34 autopct 参数(2)

⑦ startangle：起始绘制角度，默认图从 x 轴正向逆时针画起，若设定 startangle＝90，则从 y 轴正向画起。以下示例的显示结果如图 5-35 所示。

```
plt.pie(sizes,explode = explode,labels = labels,
        colors = colors,autopct ='% 1.2f % %',shadow = True,startangle = 30)
```

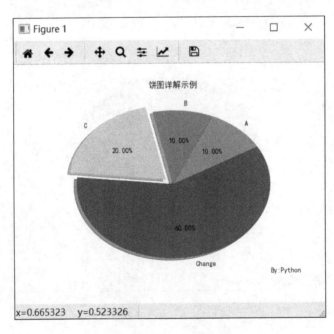

图 5-35 startangle 参数

⑧ counterclock：指定指针方向，布尔值，可选参数，默认为 True，即逆时针，将值改为 False 即可改为顺时针。以下示例的显示结果如图 5-36 所示。

```
plt.pie(sizes,explode = explode,labels = labels,colors = colors,autopct = '% 1.2f % %',
        shadow = True,startangle = 30,counterclock = False)
```

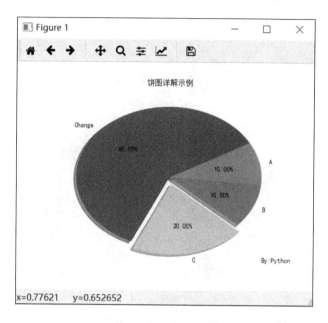

图 5-36 counterclock 参数

⑨ labeldistance:label 绘制位置相对于半径的比例,如小于 1 则绘制在饼图内侧,默认为
1.1。以下示例的显示结果如图 5-37 所示。

```
plt.pie(sizes,explode = explode,labels = labels,colors = colors,autopct = '% 1.2f % %',
        shadow = True,labeldistance = 0.8,startangle = 30,counterclock = False)
```

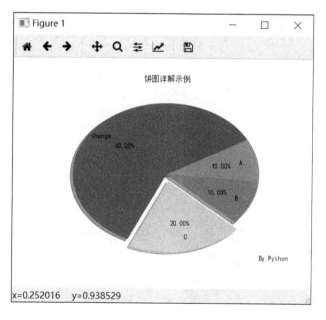

图 5-37 labeldistance 参数

⑩ radius:控制饼图半径,浮点类型,可选参数,默认为 None。如果为 None,则半径被设

置成 1。以下示例的显示结果如图 5-38 所示。

```
plt.pie(sizes,explode = explode,labels = labels,colors = colors,autopct = '% 1.2f % %',
         shadow = True,labeldistance = 0.8,startangle = 30,radius = 1.3,counterclock = False)
```

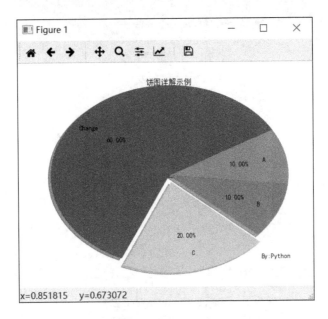

图 5-38　radius 参数

⑪ pctdistance：类似于 labeldistance，指定 autopct 的位置刻度，默认为 0.6。以下示例的显示结果如图 5-39 所示。

```
plt.pie (sizes,explode = explode,labels = labels,colors = colors,autopct = '% 1.2f % %',
         pctdistance = 0.4,shadow = True,labeldistance = 0.8,startangle = 30,radius = 1.3,
         counterclock = False)
```

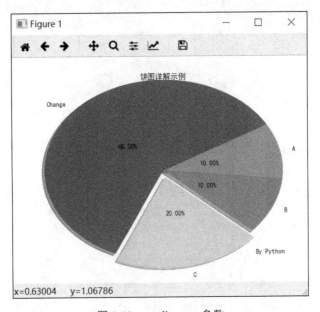

图 5-39　pctdistance 参数

⑫ textprops：设置标签（labels）和百分比文本的格式，字典类型，可选参数，默认为 None。以下示例的显示结果如图 5-40 所示。

```
plt.pie(sizes,explode = explode,labels = labels,colors = colors,autopct = '%1.2f %%',
        pctdistance = 0.4,shadow = True,labeldistance = 0.8,startangle = 30,radius = 1.3,
        counterclock = False,textprops = {'fontsize':20,'color':'black'})
```

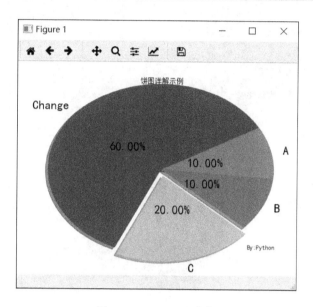

图 5-40　textprops 参数

4. axis( )函数

axis()函数用于将饼图显示为正圆形。以下示例的显示结果如图 5-41 所示。

```
plt.axis('equal')
```

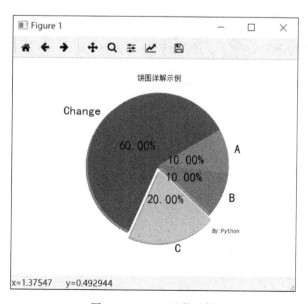

图 5-41　axis()函数示例

5. legend( )函数

legend()函数用于添加图例。以下示例的显示结果如图 5-42 所示。

```
plt.legend(loc = "upper right",fontsize = 10,bbox_to_anchor = (1.1,1.05),borderaxespad = 0.3)
# loc = 'upper right'位于右上角
# bbox_to_anchor = [0.5,0.5]外边距 上边 右边
# ncol = 2 分两列
# borderaxespad = 0.3 图例的内边距
```

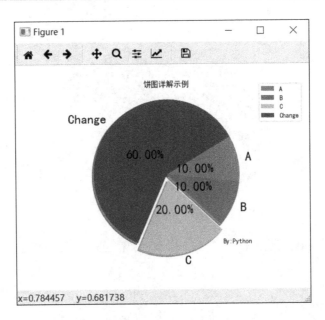

图 5-42　legend( )函数示例

6. savefig( )函数

savefig()函数用于保存图表。

```
plt.savefig("饼图 02.png",dpi = 200,bbox_inches = 'tight')
```

5.2.3　条形图

条形图也称柱状图,看起来像直方图,但二者完全是两码事。条形图为每个 x 指定一个高度 y,画一个宽度一定的条形;而直方图是对数据集进行区间划分,为每个区间画条形。

步骤 1:创建一个画板。

```
import matplotlib.pyplot as plt
import numpy as np
plt.rcParams['font.sans - serif'] = ['SimHei']
plt.rcParams['axes.unicode_minus'] = False
plt.figure(1)
```

步骤 2:为画板划分出多个 Axes。

```
ax1 = plt.subplot(111)
#plt.subplot(111)表示将画板分成 1 行 1 列,然后取第一块
#plt.subplot(222)表示将画板分成 2 行 2 列,即 4 块,然后取第一块
```

步骤 3:数据准备。

```
data = np.array([15,20,18,25])                      #y 轴数据
width = 0.5                                          #条形图的宽度
x_bar = np.arange(4)                                #x 轴数据
rects = ax1.bar(x_bar,data,width,color = "lightblue") #画条形图
```

步骤 4:为条形图添加高度值。

```
for rec in rects:                                   #rec 为每一个条形
    x = rec.get_x()                                 #获取 rec 所有 x 坐标的值
    height = rec.get_height()                       #获取 rec 的高度
    ax1.text(x + 0.2,1.02 * height,str(height) +'w') #在 rec 上写入高度值
    '''
    ax1.text(x,y,'A')                               #在坐标(x,y)处写入 A
    '''
```

步骤 5:设置 x,y 轴的刻度。

```
ax1.set_xticks(x_bar)        #设置 x 轴刻度值,x_bar 为 x 轴数据,即 0,1,2,3
ax1.set_xticklabels(("第一季度","第二季度","第三季度","第四季度"))
```

步骤 6:设置 x,y 轴的标签。

```
ax1.set_xlabel("季度")
ax1.set_ylabel("销量(单位:万件)")
```

步骤 7:设置标题。

```
ax1.set_title("2017 年季度销售量统计")
```

步骤 8:显示网格。

```
ax1.grid(True)
```

步骤 9:设置 y 轴范围。

```
ax1.set_ylim(0,30)
plt.show()
```

以上示例的显示结果如图 5-43 所示。

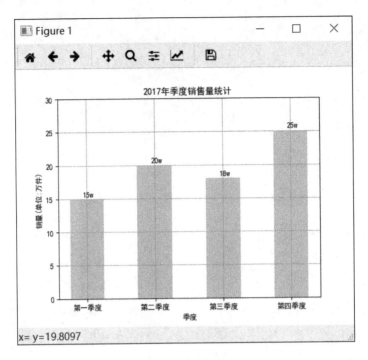

图 5-43　条形图

5.2.4　直方图

直方图(histogram)又称质量分布图,是一种统计报告图,由一系列高度不等的纵向条形或线段表示数据分布的情况。一般横轴表示数据类型,纵轴表示分布情况。

直方图是数值数据分布的精确图形表示,这是一个连续变量(定量变量)的概率分布的估计,由卡尔·皮尔逊(Karl Pearson)首先引入。为了构建直方图,首先要将值的范围分段,即将整个值的范围分成一系列间隔,然后计算每个间隔中有多少值,这些值通常被指定为连续的、不重叠的变量。间隔必须相邻,并且通常(但不必须)大小相等。

直方图也可以被归一化以显示"相对"频率,用于说明每个案例的比例,其高度之和等于 1。

以下示例的显示结果如图 5-44 所示。

```python
Passengers_data = pd.read_csv('AirPassengers.csv')
Passengers_data.shape
fig = plt.figure()
x = Passengers_data['NumPassengers']
ax = fig.add_subplot(111)
numBins = 20
ax.hist(x,numBins,color='blue',alpha=0.8,rwidth=0.9)
plt.title(u'Passengers')
plt.show()
```

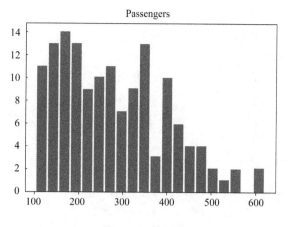

图 5-44　直方图

5.2.5　其他图形

1. 等高线图

等高线图就是将地表高度相同的点连成一环线直接投影到平面形成水平曲线,不同高度的环线不会相合,只有地表显示悬崖或峭壁才能使某处线条太密集而出现重叠现象,若地表出现平坦开阔的山坡,曲线间的距离就相当宽,而它的基准线是以海平面的平均海潮位线为准,每张地图下方皆有制作标示说明,方便使用,主要图示有比例尺、图号、图幅接合表、图例与方位偏角度。

细观等高线图会发现绘制地图的线条有粗细两种,这是为方便使用者阅读而设计的,粗线条称计曲线并标示海拔高度,而计曲线之间的距离为 0.2 cm,细线条称首曲线,介于计曲线之间,具有方便分析地形的功能,每两条计曲线之间有四条首曲线,如此首曲线之间的距离为 0.04 cm。

以下示例的显示结果如图 5-45 所示。

```
n = 256
x = np.linspace( - 3,3,n)
y = np.linspace( - 3,3,n)
X,Y = np.meshgrid(x,y)
# meshgrid()由坐标向量返回坐标矩阵
# f()函数用于计算高度值,利用 contourf()函数把颜色加进去,位置参数依次为 x,y,f(x,y),透明度
    为 0.75,并将 f(x,y)的值对应到 camp 之中
def f(x,y):
    return (1 - x / 2 + x * * 5 + y * * 3) * np.exp( - x * * 2 - y * * 2)
plt.contourf(X,Y,f(X,Y),8,alpha = 0.75,cmap = plt.cm.hot)
# 8 表示等高线分成多少份,alpha 表示透明度,cmap 表示 color map
# 使用 contour()函数进行等高线绘制,参数依次为 x,y,f(x,y),颜色选择黑色,线条宽度为 0.5
C = plt.contour(X,Y,f(X,Y),8,colors = 'black',linewidth = 0.5)
```

```
# 使用 clabel() 函数添加高度数值，inline 控制是否将 label 画在线里面，文字大小为 10
plt.clabel(C, inline = True, fontsize = 10)
# 隐藏坐标轴
plt.xticks(())
plt.yticks(())
plt.show()
```

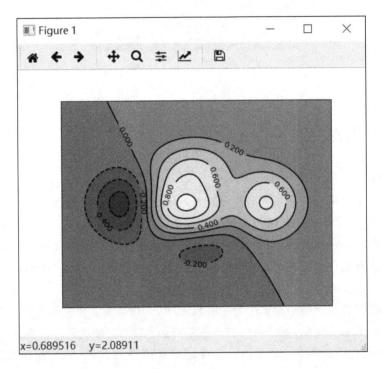

图 5-45　等高线图

2. Image 图片

以下示例的显示结果如图 5-46 所示。

```
# 利用 Matplotlib 打印出图像
a = np.array([0.313660827978, 0.365348418405, 0.423733120134,
              0.365348418405, 0.439599930621, 0.525083754405,
              0.423733120134, 0.525083754405, 0.651536351379]).reshape(3,3)
# origin = 'lower' 代表的是选择的原点位置
plt.imshow(a, interpolation = 'nearest', cmap = 'bone', origin = 'lower')
# cmap 为 color map
plt.colorbar(shrink = .92)
# shrink 参数将图片长度变为原来的 92 %
plt.xticks(())
plt.yticks(())
plt.show()
```

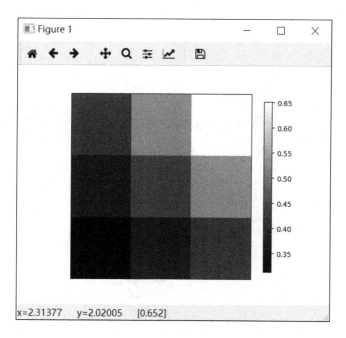

图 5-46　Image 图片

3. 3D 图像

3D 图像在数据分析、数据建模、图形和图像处理等领域中都有着广泛的应用。

以下示例的显示结果如图 5-47 所示。

```
import numpy as np
import matplotlib.pyplot as plt
from mpl_toolkits.mplot3d import Axes3D        # 需另外导入模块 Axes3D
fig = plt.figure()                            # 定义图像窗口
ax = Axes3D(fig)                              # 在窗口上添加 3D 坐标轴
# 将 X 和 Y 值编织成栅格
X = np.arange( - 4,4,0.25)
Y = np.arange( - 4,4,0.25)
X,Y = np.meshgrid(X,Y)
R = np.sqrt(X * * 2 + Y * * 2)
Z = np.sin(R)                                # 高度值
# 将 colormap rainbow 填充颜色,之后将三维图像投影到 XY 平面做等高线图,其中 rstride 和 cstride
  表示 row 和 column 的宽度
ax.plot_surface(X,Y,Z,rstride = 1,cstride = 1,cmap = plt.get_cmap('rainbow'))
# rstride 表示图像中分割线的跨图
# 添加 XY 平面等高线,投影到 z 平面
ax.contourf(X,Y,Z,zdir = 'z',offset = - 2,cmap = plt.get_cmap('rainbow'))
# 把图像进行投影的图形,offset 参数表示比 0 坐标轴低两个位置
ax.set_zlim( - 2,2)
plt.show()
```

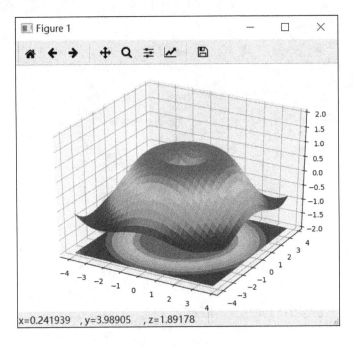

图 5-47　3D 图像

5.2.6　多图合并显示

Matplotlib 能够绘制出精美的图表，有些时候，我们希望把一组图放在一起进行比较，Matplotlib 中提供的 subplot()可以很好地解决这个问题。Matplotlib 可以组合许多的小图在大图中显示，使用的方法就是 subplot()。Matplotlib 下，一个 Figure 对象可以包含多个子图（Axes），可以使用 subplot()快速绘制，其调用形式如下：

subplot(numRows, numCols, plotNum)

- 图表的整个绘图区域被分成 numRows 行和 numCols 列。
- 然后按照从左到右、从上到下的顺序对每个子区域进行编号，左上的子区域的编号为 1。
- plotNum 参数指定创建的 Axes 对象所在的区域。

如果 numRows＝2，numCols＝3，则整个绘制图表样式为 2×3 的图片区域，用坐标表示为

$$(1,1),(1,2),(1,3)$$
$$(2,1),(2,2),(2,3)$$

在上述条件下，plotNum＝3 表示的坐标为(1,3)，即第一行第三列的子图。

如果 numRows，numCols 和 plotNum 都小于 10，则可以把它们缩写为一个整数，例如，subplot(323)和 subplot(3,2,3)是相同的。subplot()在 plotNum 指定的区域中创建一个轴对象，如果新创建的轴和之前创建的轴重叠，则之前的轴将被删除。

1. 多合一显示

（1）均匀图中图

实例：

```
plt.figure()
plt.subplot(2,3,1)
plt.plot([0,1],[0,2])
plt.subplot(2,3,2)
plt.plot([0,1],[0,3])
plt.subplot(2,3,3)
plt.plot([0,1],[0,4])
plt.subplot(2,3,4)
plt.plot([0,1],[0,2])
plt.subplot(2,3,5)
plt.plot([0,1],[0,3])
plt.subplot(2,3,6)
plt.plot([0,1],[0,4])
plt.show()
```

输出结果如图 5-48 所示。

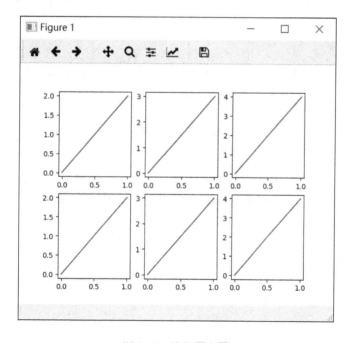

图 5-48　均匀图中图

（2）不均匀图中图

实例：

```
plt.figure()
plt.subplot(2,1,1)              #将整个窗口分割成 2 行 1 列,当前位置表示第一个图
```

```
plt.plot([0,1],[0,1])          #横坐标变化为[0,1],纵坐标变化为[0,1]
plt.subplot(2,3,4)             #将整个窗口分割成2行3列,当前位置为4
plt.plot([0,1],[0,2])
plt.subplot(2,3,5)
plt.plot([0,1],[0,3])
plt.subplot(2,3,6)
plt.plot([0,1],[0,4])
plt.show()
```

输出结果如图 5-49 所示。

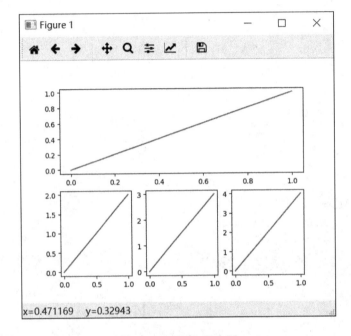

图 5-49　不均匀图中图

2. 分格显示

方法一:使用 plt.subplot2grid()创建第一个小图,(3,3)表示将整个图像分割成 3 行 3 列,(0,0)表示从第 0 行第 0 列开始作图,colspan=3 表示列的跨度为 3。colspan 和 rowspan 缺省时默认跨度为 1。

```
import matplotlib.gridspec as gridspec        # 引入新模块
plt.figure()
ax1 = plt.subplot2grid((3, 3), (0, 0), colspan = 3)
ax1.plot([1, 2], [1, 2])
ax1.set_title('ax1_title')                    # 设置图的标题
# 将图像分割成3行3列,从第1行第0列开始作图,列的跨度为2
ax2 = plt.subplot2grid((3, 3), (1, 0), colspan = 2)
# 将图像分割成3行3列,从第1行第2列开始作图,行的跨度为2
ax3 = plt.subplot2grid((3, 3), (1, 2), rowspan = 2)
# 将图像分割成3行3列,从第2行第0列开始作图,行与列的跨度默认为1
ax4 = plt.subplot2grid((3, 3), (2, 0))
```

```
ax4.scatter([1, 2], [2, 2])
ax4.set_xlabel('ax4_x')
ax4.set_ylabel('ax4_y')
ax5 = plt.subplot2grid((3, 3), (2, 1))
plt.show()
```

输出结果如图 5-50 所示。

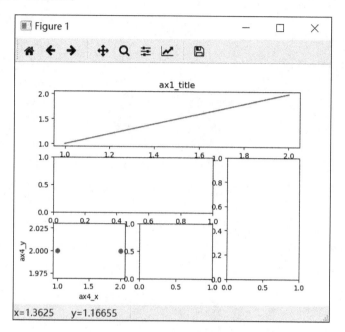

图 5-50   分格显示(1)

方法二：

```
plt.figure()
gs = gridspec.GridSpec(3, 3)              # 将图像分割成 3 行 3 列
ax6 = plt.subplot(gs[0, :])              # gs[0,:]表示图占第 0 行和所有列
ax7 = plt.subplot(gs[1, :2])             # gs[1,:2]表示图占第 1 行和第 2 列前的所有列
ax8 = plt.subplot(gs[1:, 2])
ax9 = plt.subplot(gs[-1, 0])
ax10 = plt.subplot(gs[-1, -2])           # gs[-1,-2]表示图占倒数第 1 行和倒数第 2 列
plt.show()
```

输出结果如图 5-51 所示。

方法三：建立一个 2 行 2 列的图像窗口，sharex＝True 表示共享 x 轴坐标，sharey＝True 表示共享 y 轴坐标，((ax11,ax12),(ax13,1x14))表示依次存放 ax11,ax12,ax13,ax114。

```
f, ((ax11, ax12), (ax13, ax14)) = plt.subplots(2, 2, sharex = True, sharey = True)
ax11.scatter([1,2], [1,2])              #坐标范围 x 为[1,2],y 为[1,2]
plt.tight_layout()                       #表示紧凑显示图像
plt.show()
```

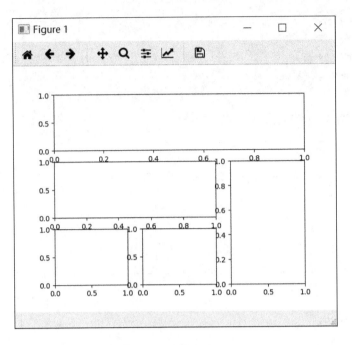

图 5-51　分格显示(2)

输出结果如图 5-52 所示。

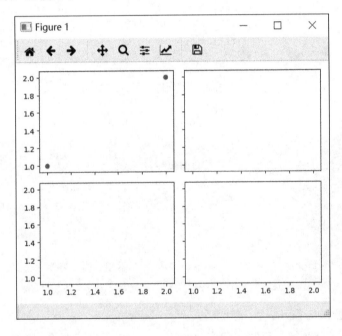

图 5-52　分格显示(3)

3. 图中图

实例：

```
fig = plt.figure()
# 创建数据
x = [1,2,3,4,5,6,7]
```

```
y = [1,3,4,2,5,8,6]
# 绘制大图:假设大图的大小为10,则大图被包含在由(1,1)开始,宽8高8的坐标系之中
left, bottom, width, height = 0.1, 0.1, 0.8, 0.8
ax1 = fig.add_axes([left, bottom, width, height])
ax1.plot(x, y, 'r')                #绘制大图,颜色为红色
ax1.set_xlabel('x')                #横坐标名称为 x
ax1.set_ylabel('y')
ax1.set_title('title')             #图名称为 title
# 绘制小图,注意坐标系位置和大小的改变
ax2 = fig.add_axes([0.2, 0.6, 0.25, 0.25])
ax2.plot(y, x, 'b')                #颜色为蓝色
ax2.set_xlabel('x')
ax2.set_ylabel('y')
ax2.set_title('title inside 1')
# 绘制第二个小图
plt.axes([0.6, 0.2, 0.25, 0.25])
plt:plot(y[::-1], x, 'g')          #将 y 进行逆序
plt.xlabel('x')
plt.ylabel('y')
plt.title('title inside 2')
plt.show()
```

输出结果如图 5-53 所示。

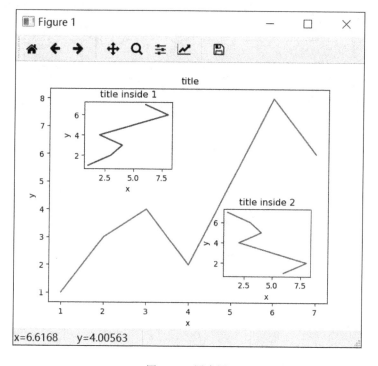

图 5-53　图中图

4. 次坐标轴

实例：

```
x = np.arange(0,10,0.1)
y1 = 0.5 * x * * 2
y2 = - 1 * y1
fig, ax1 = plt.subplots()
ax2 = ax1.twinx()  # 镜像显示
ax1.plot(x, y1, 'g-')
ax2.plot(x, y2, 'b-')
ax1.set_xlabel('X data')
ax1.set_ylabel('Y1 data', color ='g')  # 第一个 y 坐标轴
ax2.set_ylabel('Y2 data', color ='b')  # 第二个 y 坐标轴
plt.show()
```

输出结果如图 5-54 所示。

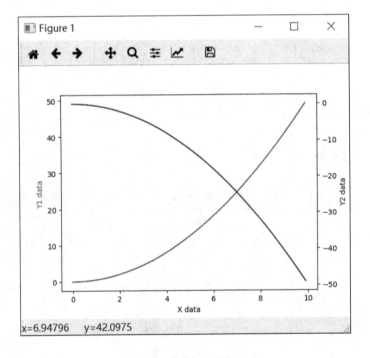

图 5-54 次坐标轴

5. 动画

实例：

```
from matplotlib import animation  # 引入新模块
fig,ax = plt.subplots()
x = np.arange(0,2 * np.pi,0.01)  # 数据为 0～2π 范围内的正弦曲线
```

```
line, = ax.plot(x,np.sin(x))        # line 表示列表
# 构造自定义动画函数 animate(),用于更新每一帧上的 x 和 y 坐标值,参数表示第 i 帧
def animate(i):
    line.set_ydata(np.sin(x + i/100))
    return line,
# 构造开始帧函数 init()
def init():
    line.set_ydata(np.sin(x))
    return line,
# frame 表示动画长度,即一次循环所包含的帧数;interval 表示更新频率
# blit 选择更新所有点还是仅更新新变化产生的点。应该选 True,但 mac 用户应选择 False
ani = animation.FuncAnimation(fig = fig,func = animate,frames = 200,init_func = init,
                    interval = 20,blit = False)
plt.show()
```

输出结果如图 5-55 所示。

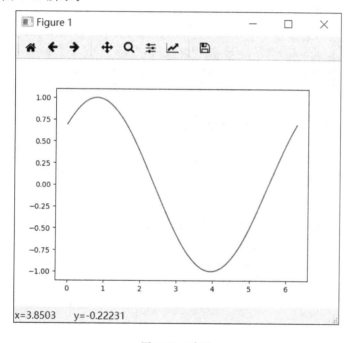

图 5-55　动画

5.3　本章小节

Matplotlib 是 Python 的绘图库,其中的 pyplot 包封装了很多画图的函数。

matplotlib.pyplot 包含一系列类似于 MATLAB 中绘图函数的相关函数。每个 matplotlib.pyplot 中的函数会对当前的图像进行一些修改,如产生新的图像,在图像中产生新的绘图区域,在绘图区域中画线,给图像加上标记等。matplotlib.pyplot 会自动记住当前的图像和绘图区域,因此这些函数会直接作用在当前的图像上。

5.4 本章作业

1. 使用 Python Matplotlib 简单实现题 1 图所示的图形。

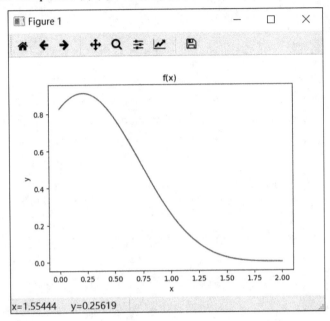

题 1 图

2. 本题对欧几里得范数进行求解,需要得到类似于题 2 图的输出结果。

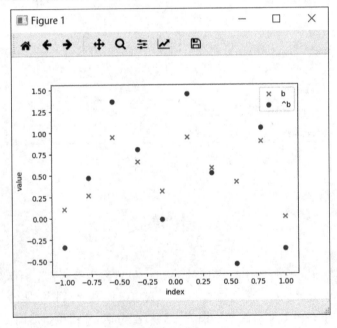

题 2 图

3. 对标准正态分布取 10 000 个样本,将这些样本根据数值分为 25 类,统计每一类的个数。对统计得到的这 25 个数进行核密度估计(stats. gaussian_kde),分别绘制 25 个类的柱状图和密度曲线,得到类似于题 3 图的结果。

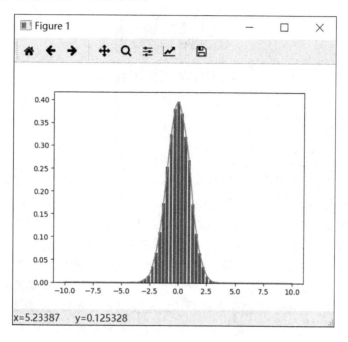

题 3 图

第 6 章

Python sklearn

机器学习的核心是"使用算法解析数据,从中学习,然后对世界上的某件事情做出决定或预测"。这意味着,与其显式地编写程序来执行某些任务,不如教计算机如何开发一个算法来完成任务。有三种主要类型的机器学习:监督学习、无监督学习和强化学习。所有这些算法都有其特定的优点和缺点,下面我们逐一介绍这些算法的应用场景。

监督学习涉及一组标记数据,计算机可以使用特定的模式来识别每种标记类型的新样本。监督学习的两种主要类型是分类和回归。在分类算法中,机器被训练实现将一个组划分为特定的类。分类的一个简单例子是电子邮件账户的垃圾邮件过滤器,过滤器分析用户以前标记为垃圾邮件的电子邮件,并将其与新邮件进行比较,如果它们的匹配程度达一定的百分比,则这些新邮件将被标记为垃圾邮件并发送到适当的文件夹,那些与垃圾邮件不相似的电子邮件被归类为正常邮件并发送到用户的邮箱。第二种监督学习是回归。在回归中,机器使用先前的(标记的)数据来预测未来。天气应用是回归的一个例子。使用气象事件的历史数据(即平均气温、湿度和降水量),用户手机中的天气应用程序可以查看当前天气,并对未来的天气进行预测。

在无监督学习中,数据是无标签的。由于大多数真实世界中的数据都没有标签,这种算法特别有用。无监督学习分为聚类和降维。聚类用于根据属性和行为对象进行分组。这与分类不同,因为这些分组不是用户提供的。聚类的一个例子是将一个组划分成不同的子组(如基于年龄和婚姻状况),然后将其应用到有针对性的营销方案中。降维算法可以通过找到共同点来减少数据集的变量,在大多数大数据可视化场景下,可以使用降维算法来识别趋势和规则。

强化学习使用机器的个人历史和经验来做出决定。强化学习的经典应用是玩游戏。与监督学习和无监督学习不同,强化学习不涉及提供"正确的"答案或输出,它只关注性能。这反映了人类是如何根据积极和消极的结果学习的。同样的道理,一台下棋的计算机可以学会不把它的"国王"移到对手的棋子可以进入的空间,然后,国际象棋的这一基本规则就可以被扩展和推断出来,直到机器能够对战(并最终击败)人类顶级玩家为止。

当前,人工智能领域主要涉及深度学习和神经网络算法。神经网络算法基于生物神经网络的结构,深度学习采用神经网络模型并对其进行更新。它们是大且极其复杂的神经网络,使用少量的标记数据和更多的未标记数据。神经网络和深度学习有许多输入,它们经过几个隐藏层后才产生一个或多个输出。这些连接形成一个特定的循环,模仿人脑处理信息和建立逻辑连接的方式。此外,随着算法的运行,隐藏层往往变得更小、更细微。

Python 开发环境下,我们使用 scikit-learn(sklearn)进行机器学习。自 2007 年发布以来,

sklearn 已经成为 Python 重要的机器学习库。sklearn 支持分类、回归、降维和聚类四大机器学习算法,还包括特征提取、数据处理和模型评估三大模块。sklearn 是 SciPy 的扩展,建立在 NumPy 和 Matplotlib 库的基础上。利用上述几大模块的优势,可以大大提高机器学习的效率。

sklearn 有着完善的文档,上手容易,具有丰富的 API,在学术界颇受欢迎。sklearn 封装了大量的机器学习算法,包括 LIBSVM 和 LIBINEAR。同时,sklearn 内置了大量数据集,节省了获取和整理数据集的时间。

6.1 Python sklearn 模块功能和特点

sklearn 是机器学习方法中常用的第三方模块,对常用的机器学习方法进行了封装,包括回归(regression)、降维(dimensionality reduction)、分类(classification)、聚类(clustering)等方法。当我们面临机器学习问题时,便可根据不同的用户需求来选择相应的方法。功能模块如图 6-1 所示。

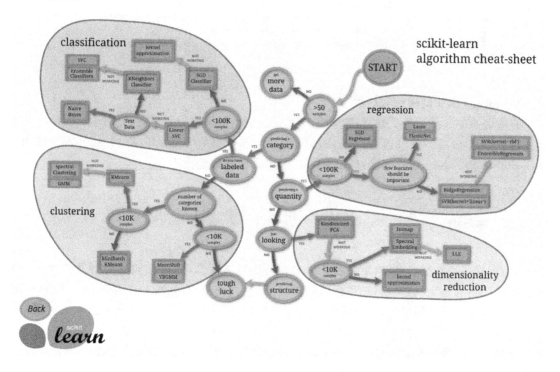

图 6-1　sklearn 功能模块

Python sklearn 机器学习库具有以下特点:

- 简单高效的数据挖掘和数据分析工具;
- 让每个使用者能够在复杂环境中重复使用;
- 建立在 NumPy、SciPy、Matplotlib 库之上。

1. sklearn 安装

sklearn 安装要求 Python(≥2. 7 或≥3. 3)、NumPy(≥1. 8. 2)、SciPy(≥0. 13. 3)。如果已

经安装 NumPy 和 SciPy，安装 sklearn 可以使用"pip install-U scikit-learn"。

2. sklearn 通用学习模式

sklearn 中包含众多机器学习方法，但各种学习方法大致相同，我们在这里介绍 sklearn 通用学习模式。首先引入需要训练的数据，如 sklearn 自带部分数据集，也可以通过相应的方法进行构造，sklearn datasets 可以帮助我们构造数据，然后选择相应的机器学习方法进行训练，训练过程中可以利用一些技巧调整参数，使得学习准确率更高。模型训练完成之后便可预测新数据，我们还可以通过 Matplotlib 等方法来直观地展示数据。另外，可以将已训练好的模型保存，方便将其移动到其他平台，不必重新训练。

3. sklearn datasets

sklearn 提供一些标准数据，如图 6-2 所示，我们不必再从其他网站寻找数据进行训练。例如，我们用于训练的 load_iris()数据可以很方便地返回数据特征变量和目标值。除了引入数据之外，我们还可以通过 load_sample_images()来引入图片。

load_boston ([return_X_y])	Load and return the boston house-prices dataset (regression).
load_iris ([return_X_y])	Load and return the iris dataset (classification).
load_diabetes ([return_X_y])	Load and return the diabetes dataset (regression).
load_digits ([n_class, return_X_y])	Load and return the digits dataset (classification).
load_linnerud ([return_X_y])	Load and return the linnerud dataset (multivariate regression).
load_wine ([return_X_y])	Load and return the wine dataset (classification).
load_breast_cancer ([return_X_y])	Load and return the breast cancer wisconsin dataset (classification).

图 6-2　sklearn datasets

4. sklearn 模块的属性和功能

数据训练完成之后得到数学模型，我们可以根据不同模型得到相应的属性和功能，并将其输出得到直观结果。假设通过线性回归训练之后得到线性函数 $y=0.3x+1$，我们可通过 coef_得到模型的系数为 0.3，通过 intercept_得到模型的截距为 1。

6.2　回归算法

回归：从一组数据出发，确定某些变量之间的定量关系式，即建立数学模型并估计未知参数。回归的目的是预测数值型的目标值，它的目标是接受连续数据，寻找最适合数据的方程，并能够对特定值进行预测，这个方程称为回归方程，而求回归方程显然就是求该方程的回归系数，求这些回归系数的过程就是回归。

分类和回归的区别在于输出变量的类型。定量输出称为回归，或者说是连续变量预测；定性输出称为分类，或者说是离散变量预测。

例如，预测明天的气温是多少度是一个回归任务，预测明天是阴、晴还是雨是一个分类任务。

6.2.1　线性回归

1. 一元线性回归

假设线性回归是个黑盒子，那按照程序员的思维来说，这个黑盒子就是一个函数，我们只要向这个函数中传一些参数作为输入,就能得到一个结果作为输出。那么回归是什么意思呢?其实就是这个黑盒子输出的结果是一个连续的值,如果输出不是连续值而是离散值,就叫作分类。

线性回归遇到的问题一般是这样的,我们有 m 个样本,每个样本对应于 n 维特征和一个输出结果,如下:

$(x_1(0),x_2(0),\cdots,x_n(0),y_0),(x_1(1),x_2(1),\cdots,x_n(1),y_1),\cdots,(x_1(m),x_2(m),\cdots,x_n(m),y_m)$

我们的问题是,对于一个新的 $(x_1(x),x_2(x),\cdots,x_n(x))$,其所对应的 y_x 是多少? 如果这个问题中的 y 是连续的,则是一个回归问题,否则是一个分类问题。

对于 n 维的样本数据,如果我们决定使用线性回归,那么对应的模型如下:

$$h_\theta(x_1,x_2,\cdots,x_n)=\theta_0+\theta_1 x_1+\cdots+\theta_n x_n$$

其中 $\theta_i(i=0,1,2,\cdots,n)$ 为模型参数,$x_i(i=1,2,\cdots,n)$ 为每个样本的 n 个特征值。这个表示可以简化,我们增加一个特征 $x_0=1$,则 $h_\theta(x_0,x_1,\cdots,x_n)=\sum\limits_{i=0}^{n}\theta_i x_i$。

进一步用矩阵形式表达更加简洁,如下:

$$h_\theta(\boldsymbol{X})=\boldsymbol{X}\boldsymbol{\theta}$$

其中,假设函数 $h_\theta(\boldsymbol{X})$ 为 $m\times1$ 的向量,$\boldsymbol{\theta}$ 为 $n\times1$ 的向量,其有 n 个代数法的模型参数,$\boldsymbol{X}$ 为 $m\times n$ 维的矩阵,m 代表样本的个数,n 代表样本的特征数。

得到了模型,我们需要求出需要的损失函数,一般线性回归用均方误差作为损失函数。损失函数的代数法表示如下:

$$J(\theta_0,\theta_m)=\cfrac{1}{2m\sum\limits_{i=1}^{m}(y-h_\theta(x))^2}$$

进一步用矩阵形式表达损失函数:

$$J(\boldsymbol{\theta})=\frac{1}{2}(\boldsymbol{X}\boldsymbol{\theta}-\boldsymbol{Y})^{\mathrm{T}}(\boldsymbol{X}\boldsymbol{\theta}-\boldsymbol{Y})$$

由于矩阵法表达比较简洁,后面我们将统一采用矩阵形式表达模型函数和损失函数。

对于线性回归的损失函数 $J(\boldsymbol{\theta})=\frac{1}{2}(\boldsymbol{X}\boldsymbol{\theta}-\boldsymbol{Y})^{\mathrm{T}}(\boldsymbol{X}\boldsymbol{\theta}-\boldsymbol{Y})$,我们常用的求使损失函数最小化的 $\boldsymbol{\theta}$ 参数的两种方法是:梯度下降法和最小二乘法。

2. 多项式回归

线性回归的局限性是其只能应用于存在线性关系的数据中,但是在实际生活中,很多数据之间是非线性关系,虽然也可以用线性回归拟合非线性回归,但是效果会很差,这时候就需要对线性回归模型进行改进,使之能够拟合非线性数据。

机器学习中一个重要的话题便是模型的泛化能力,泛化能力强的模型才是好模型,对于训练好的模型,若在训练集中的表现差,则在测试集中的表现同样会很差,这可能是欠拟合所导致的。欠拟合是指模型拟合程度不高,数据距离拟合曲线较远,或指模型没有很好地捕捉到数据特征,不能很好地拟合数据。

过拟合指的是数据进行过度训练,得到的训练模型虽然对于训练数据来说拟合得非常好,但是对于测试数据将会有糟糕的表现,原因是过度拟合将会把噪声极大地引入。

在过拟合和欠拟合中,训练出来的模型对于新的数据样本,预测值和真实值会有很大的偏差,这时候模型的泛化能力较差,即预测能力较差。如果数据被正确地训练,最终能够较好地为新的数据样本做预测,则可以说该模型的泛化能力较好。我们的目标是训练出泛化能力好的模型,而非拟合训练数据好的模型。

多项式回归模型是线性回归模型的一种,此时回归函数关于回归系数是线性的。由于任意函数都可以用多项式逼近,因此多项式回归有着广泛的应用。

线性回归研究的是一个因变量与一个自变量之间的回归问题,但在实际情况中,影响因变量的自变量往往不止一个,例如,羊毛的产量受绵羊体重、体长、胸围等影响,因此需要进行一个因变量与多个自变量间的回归分析,即多元回归分析。

研究一个因变量与一个或多个自变量间多项式的回归分析方法称为多项式回归(polynomial regression)。如果自变量只有一个,则称为一元多项式回归;如果自变量有多个,则称为多元多项式回归。在一元回归分析中,如果因变量 y 与自变量 x 的关系为非线性的,但是又找不到适当的函数曲线来拟合,则可以采用一元多项式回归。

3. 线性回归正则化

为了防止模型的过拟合,我们在建立线性模型时经常需要加入正则化项。一般工作中常用的正则化方法有 L1 正则化和 L2 正则化。

(1) L1 正则化

线性回归的 L1 正则化通常称为 Lasso 回归,它和一般线性回归的区别是在损失函数中增加了一个 L1 正则化的项,L1 正则化的项中有一个常数系数 α 来调节损失函数的均方差项和正则化项的权重,具体的 Lasso 回归的损失函数表达式如下:

$$J(\boldsymbol{\theta}) = \frac{1}{2}(\boldsymbol{X\theta} - \boldsymbol{Y})^{\mathrm{T}}(\boldsymbol{X\theta} - \boldsymbol{Y}) + \alpha \|\boldsymbol{\theta}\|_1$$

其中 α 为常数系数,需要进行调优,$\|\boldsymbol{\theta}\|_1$ 为 L1 范数。

Lasso 回归可以使一些特征的系数变小,甚至可以使一些绝对值较小的系数直接变为 0,增强模型的泛化能力。

Lasso 回归的求解办法一般有坐标轴下降法(coordinate descent)和最小角回归法(least angle regression)。

(2) L2 正则化

线性回归的 L2 正则化通常称为 Ridge 回归,它和一般线性回归的区别是在损失函数中增加了一个 L2 正则化的项,和 Lasso 回归的区别是,Ridge 回归的正则化项是 L2 范数,而 Lasso 回归的正则化项是 L1 范数。具体的 Ridge 回归的损失函数表达式如下:

$$J(\boldsymbol{\theta}) = \frac{1}{2}(\boldsymbol{X\theta} - \boldsymbol{Y})^{\mathrm{T}}(\boldsymbol{X\theta} - \boldsymbol{Y}) + \frac{1}{2}\alpha \|\boldsymbol{\theta}\|_2$$

其中 α 为常数系数,需要进行调优,$\|\boldsymbol{\theta}\|_2$ 为 L2 范数。

Ridge 回归在不抛弃任何一个特征的情况下,缩小了回归系数,使得模型相对稳定,但和 Lasso 回归相比,这会使得模型的特征留得特别多,模型解释性差。

Ridge 回归的求解比较简单,一般用最小二乘法。

4. 一元线性回归算法实例

本实例分析的是一个火力发电厂的数据,共有 9 568 个样本数据,每个数据有 5 列,分别是 AT(温度),V(压力),AP(湿度),RH(压强),PE(输出电力)。

我们的问题是得到一个线性关系,对应 PE 是样本输出,而 AT/V/AP/RH 是样本特征,机器学习的目的就是得到一个线性回归模型,即

$$PE = \theta_0 + \theta_1 \cdot AT + \theta_2 \cdot V + \theta_3 \cdot AP + \theta_4 \cdot RH$$

而需要学习的就是 $\theta_0, \theta_1, \theta_2, \theta_3, \theta_4$ 这 5 个参数。我们建立 power plant. py 来实现一元线性回归算法。power plant. py 参考代码如下。

（1）导入相关库

```
import matplotlib.pyplot as plt
import numpy as np
import pandas as pd
from sklearn import datasets, linear_model
```

（2）Pandas 读取数据

```
# read_csv 里面的参数是 csv 在计算机上的路径,此处 csv 文件在项目下面的 data 目录里
data = pd.read_csv('../data/ccpp.csv')
# 测试下是否成功读取数据:
# 读取前 5 行数据,如果要读取最后 5 行,则用 data.tail()
print (data.head())
```

如果运行结果如表 6-1 所示,则说明 Pandas 读取数据成功。

表 6-1 发电厂前 5 行数据

	AT	V	AP	RH	PE
0	8.34	40.77	1010.84	90.01	480.48
1	23.64	58.49	1011.40	74.20	445.75
2	29.74	56.90	1007.15	41.91	438.76
3	19.07	49.69	1007.22	76.79	453.09
4	11.80	40.66	1017.13	97.20	464.43

可用以下代码查看数据的维度:

```
print (data.shape)
```

结果是(9568,5),说明我们有 9 568 个样本,每个样本有 5 列。

现在我们开始准备样本特征 **X**,将 AT,V,AP 和 RH 这 4 列作为样本特征:

```
X = data[['AT','V','AP','RH']]
print (X.head())
```

可以看到 **X** 的前 5 行输出如表 6-2 所示。

表 6-2 发电厂指定特征前 5 行数据

	AT	V	AP	RH
0	8.34	40.77	1010.84	90.01
1	23.64	58.49	1011.40	74.20
2	29.74	56.90	1007.15	41.91
3	19.07	49.69	1007.22	76.79
4	11.80	40.66	1017.13	97.20

接着我们准备样本输出 **y**,将 PE 作为样本输出:

```
y = data[['PE']]
print (y.head())
```

可以看到 **y** 的前 5 行输出如表 6-3 所示。

表 6-3　PE 特征前 5 行数据

	PE
0	480.48
1	445.75
2	438.76
3	453.09
4	464.43

(3) 划分数据集

我们把 **X** 和 **y** 的样本组合划分成两部分,一部分是训练集,一部分是测试集,代码如下:

```
from sklearn.model_selection import train_test_split
X_train, X_test, y_train, y_test = train_test_split(X, y, random_state = 1)
# 查看训练集和测试集的维度:
print (X_train.shape)
print (y_train.shape)
print (X_test.shape)
print (y_test.shape)
```

输出结果如下:

```
(7176, 4)
(7176, 1)
(2392, 4)
(2392, 1)
```

可以看到 75% 的样本数据被作为训练集,25% 的样本数据被作为测试集。

(4) 运行 sklearn 的线性模型

接下来运行 sklearn 的线性模型。我们可以用 sklearn 的线性模型来拟合我们的问题,sklearn 的线性回归算法使用的是最小二乘法,代码如下:

```
from sklearn.linear_model import LinearRegression
linreg = LinearRegression()
linreg.fit(X_train, y_train)
```

拟合完毕后,可用以下代码查看我们需要的模型系数结果:

```
print (linreg.intercept_)
print (linreg.coef_)
```

输出结果如下：

```
[ 447.06297099]
[[ -1.97376045  -0.23229086   0.0693515   -0.15806957]]
```

这样我们就得到了需要求得的 5 个值。也就是说，PE 和其他 4 个变量的关系如下：

$PE = 447.062\,970\,99 - 1.973\,760\,45AT - 0.232\,290\,86V + 0.069\,351\,5AP - 0.158\,069\,57RH$

（5）评估模型

我们需要评估模型的好坏程度，对于线性回归，我们一般用均方误差（Mean Squared Error，MSE）或者均方根差（Root Mean Squared Error，RMSE）在测试集上的表现来评估模型的好坏。

下面计算模型的 MSE 和 RMSE，代码如下：

```
# 模型拟合测试集
y_pred = linreg.predict(X_test)
from sklearn import metrics
# 用 sklearn 计算 MSE
print ("MSE:",metrics.mean_squared_error(y_test, y_pred))
# 用 sklearn 计算 RMSE
print ("RMSE:",np.sqrt(metrics.mean_squared_error(y_test, y_pred)))
```

输出结果如下：

```
MSE: 20.0804012021
RMSE: 4.48111606657
```

如果我们用其他方法得到了不同的系数，需要选择模型时，就用 MSE 小的对应的参数。例如，下面我们将 AT，V，AP 这 3 列作为样本特征，不要 RH，输出仍然是 PE。代码如下：

```
X = data[['AT','V','AP']]
y = data[['PE']]
X_train, X_test, y_train, y_test = train_test_split(X, y, random_state = 1)
from sklearn.linear_model import LinearRegression
linreg = LinearRegression()
linreg.fit(X_train, y_train)
# 模型拟合测试集
y_pred = linreg.predict(X_test)
from sklearn import metrics
# 用 sklearn 计算 MSE
print ("MSE:",metrics.mean_squared_error(y_test, y_pred))
# 用 sklearn 计算 RMSE
print ("RMSE:",np.sqrt(metrics.mean_squared_error(y_test, y_pred)))
```

输出结果如下：

```
MSE: 23.2089074701
RMSE: 4.81756239919
```

可以看出,去掉 RH 后,模型拟合效果没有加上 RH 的好,MSE 变大了。

（6）交叉验证

我们可以通过交叉验证来持续优化模型,下面采用 10 折交叉验证,即 cross_val_predict() 中的 cv 参数为 10,代码如下:

```
X = data[['AT','V','AP','RH']]
y = data[['PE']]
from sklearn.model_selection import cross_val_predict
predicted = cross_val_predict(linreg, X, y, cv = 10)
# 用 sklearn 计算 MSE
print("MSE:",metrics.mean_squared_error(y, predicted))
# 用 sklearn 计算 RMSE
print ("RMSE:",np.sqrt(metrics.mean_squared_error(y, predicted)))
```

输出结果如下:

```
MSE: 20.7955974619
RMSE: 4.56021901469
```

可以看出,采用交叉验证模型得到的 MSE 比评估模型得到的 MSE 大,主要原因是前者是对所有折的样本做测试集对应的预测值的 MSE,而后者仅仅对 25% 的测试集做了 MSE,两者的先决条件并不同。

（7）画图观察结果

画图观察真实值和预测值的变化关系,离中间的直线 $y=x$ 越近代表预测损失越低,代码如下:

```
fig, ax = plt.subplots()
ax.scatter(y, predicted)
ax.plot([y.min(), y.max()], [y.min(), y.max()], 'k--', lw = 4)
ax.set_xlabel('Measured')
ax.set_ylabel('Predicted')
plt.show()
```

输出的图像如图 6-3 所示。

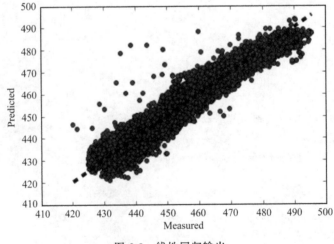

图 6-3　线性回归输出

6.2.2 逻辑回归

逻辑回归是一种分类算法,可以处理二元分类以及多元分类,虽然名字中有"回归"两个字,却不是一种回归算法。为什么名字中会有"回归"这个具有误导性的词呢?我们认为,虽然逻辑回归是分类模型,但是它的原理中却残留着回归模型的影子。

我们知道,线性回归模型是求出输出特征向量 Y 和输入样本矩阵 X 之间的线性关系系数 θ,满足 $Y = X\theta$。此时 Y 是连续的,所以是回归模型。如果我们想要 Y 是离散的,一个可以想到的办法是,对这个 Y 再做一次函数转换,变为 $g(Y)$。如果令 $g(Y)$ 的值在某个实数区间内时是类别 A,在另一个实数区间内时是类别 B,以此类推,就得到了一个分类模型。如果结果的类别只有两种,那么就是一个二元分类模型。逻辑回归的出发点就由此而来。下面我们引入二元逻辑回归。

逻辑回归,尤其是二元逻辑回归,是非常常见的模型,训练速度很快,虽然使用起来没有支持向量机(SVM)那么占主流,但是足以解决普通的分类问题,训练速度比 SVM 要快不少。如果读者要理解机器学习分类算法,那么第一个学习的分类算法应该是逻辑回归,理解了逻辑回归,学习其他的分类算法应该没有那么难了。

在 sklearn 中,与逻辑回归有关的主要是以下 3 个类:LogisticRegression,LogisticRegressionCV 和 logistic_regression_path。其中 LogisticRegression 和 LogisticRegressionCV 的主要区别是,LogisticRegressionCV 使用交叉验证来选择正则化系数,而 LogisticRegression 需要自己每次指定一个正则化系数。除了交叉验证以及选择正则化系数以外,LogisticRegression 和 LogisticRegressionCV 的使用方法基本相同。logistic_regression_path 类则比较特殊,它拟合数据后,不能直接做预测,只能为拟合数据选择合适的逻辑回归的系数和正则化系数,主要用在模型选择的时候,一般情况下用不到 logistic_regression_path 类。

此外,sklearn 中有个容易让人误解的类 RandomizedLogisticRegression,虽然名字中有"逻辑回归",但是其主要是用 L1 正则化的逻辑回归来做特征选择,属于维度规约的算法类,不属于我们常说的分类算法的范畴。

6.3 分 类 算 法

分类是指在一群已经知道类别标号的样本中,训练一种分类器,让其能够对未知的样本进行分类。分类算法属于一种有监督的学习。分类算法的分类过程就是建立一种分类模型来描述预定的数据集或概念集,通过分析由属性描述的数据库元组来构造模型。分类的目的就是使用分类对新的数据集进行划分,其主要涉及分类规则的准确性、过拟合、矛盾划分的取舍等。

常用的分类算法包括:NBC(Naive Bayesian Classifier,朴素贝叶斯分类)算法、LR(Logistic Regress,逻辑回归)算法、ID3(Iterative Dichotomiser 3,迭代二叉树 3 代)决策树算法、C4.5 决策树算法、C5.0 决策树算法、SVM(Support Vector Machine,支持向量机)算法、KNN(K-Nearest Neighbor,K 近邻)算法、ANN(Artificial Neural Network,人工神经网络)算法法等。

6.3.1 K 近邻算法

KNN 算法是一种很常见的机器学习方法，在日常生活中人们也会不自主地应用。KNN 算法既可以做分类，也可以做回归，这点和决策树算法相同。

KNN 算法做回归和分类的主要区别在于最后做预测时的决策方式不同。KNN 算法做分类预测时，一般选择多数表决法，即对于训练集里和预测的样本特征最近的 k 个样本，预测为里面有最多个数的类别。而 KNN 算法做回归时，一般选择平均法，即将离样本最近的 k 个样本的输出平均值作为回归预测值。

1. KNN 算法三要素

KNN 算法我们主要考虑三个要素，对于固定的训练集，只要这三点确定了，算法的预测方式也就决定了。这三个要素是 k 值的选择，距离的度量方式和分类决策规则。对于分类决策规则，一般使用前面提到的多数表决法，所以重点关注 k 值的选择和距离的度量方式。

对于 k 值的选择，没有固定的经验，一般根据样本的分布选择一个较小的值，可以通过交叉验证选择一个合适的 k 值。

选择较小的 k 值，就相当于用较小的领域中的训练实例进行预测，训练误差会减小，只有与输入实例较近或相似的训练实例才会对预测结果起作用，与此同时，泛化误差会增大，换句话说，k 值的减小就意味着整体模型变得复杂，容易发生过拟合。选择较大的 k 值，就相当于用较大的领域中的训练实例进行预测，其优点是可以减小泛化误差，缺点是训练误差会增大，此时，与输入实例较远的（不相似的）训练实例也会对预测起作用，使预测发生错误，且 k 值的增大就意味着整体模型变得简单。

一个极端是 k 等于样本数 m，即完全没有分类，此时无论输入实例是什么，都只是简单地预测它属于在训练实例中最多的类，模型过于简单。

距离的度量方式有很多，但是最常用的是欧式距离。大多数情况下，欧式距离可以满足我们的需求，因此不需要过多地考虑距离的度量。当然我们也可以用其他的距离度量方式，如曼哈顿距离和闵可夫斯基距离（Minkowski distance），欧式距离和曼哈顿距离是闵可夫斯基距离的特例。

2. KNN 算法小结

KNN 算法是比较常见的机器学习算法，它非常容易学习，在维度很高时也有很好的分类效率，因此运用很广泛，以下是对 KNN 算法的优缺点的总结。

（1）KNN 算法的主要优点

- 理论成熟，思想简单，既可以用于做分类也可以用于做回归。
- 可用于非线性分类。
- 训练时间复杂度比 SVM 之类的算法低，仅为 $O(n)$。
- 和朴素贝叶斯之类的算法相比，对数据没有假设，准确度高，对异常点不敏感。
- 由于 KNN 算法主要是靠有限的邻近的样本，而不是靠判别类域的方法来确定所属类别，因此对于类域的交叉或重叠较多的待分样本集来说，KNN 算法较其他方法更为适合。
- 比较适用于样本容量较大的类域的自动分类，而那些样本容量较小的类域采用这种算法较容易产生误分。

（2）KNN 算法的主要缺点

- 计算量大，尤其是数据特征数多的时候。
- 样本不平衡时，对稀有类别的预测准确率低。
- KD 树、球树之类的模型建立需要大量的内存。
- 使用懒散学习方法，基本上不学习，导致预测时的速度比逻辑回归之类的算法慢。
- 与决策树模型相比，KNN 模型的可解释性不强。

3. 使用 KNN 算法做分类的实例

首先，生成要分类的数据，代码如下：

```
import numpy as np

import matplotlib.pyplot as plt

from sklearn.datasets.samples_generator import make_classification

# X 为样本特征，Y 为样本类别输出，共 1000 个样本，每个样本包含 2 个特征，输出有 3 个类别，没有冗余特征，每个类别一个簇

X, Y = make_classification(n_samples = 1000, n_features = 2, n_redundant = 0,
                           n_clusters_per_class = 1, n_classes = 3)

plt.scatter(X[:, 0], X[:, 1], marker = 'o', c = Y)

plt.show()
```

输出结果如图 6-4 所示。由于是随机生成，如果读者运行这段代码，生成的随机数据分布会不一样。

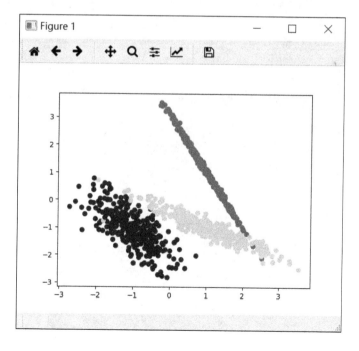

图 6-4　KNN 算法 $k=3$ 分类结果

其次，我们用 KNN 算法来拟合模型，选择 $k=15$，权重为距离远近，代码如下：

```
from sklearn import neighbors
clf = neighbors.KNeighborsClassifier(n_neighbors = 15, weights = 'distance')
clf.fit(X, Y)
```

最后,进行可视化,观察预测的效果如何,代码如下:

```
from matplotlib.colors import ListedColormap
cmap_light = ListedColormap(['#FFAAAA', '#AAFFAA', '#AAAAFF'])
cmap_bold = ListedColormap(['#FF0000', '#00FF00', '#0000FF'])
# 确认训练集的边界
x_min, x_max = X[:, 0].min() - 1, X[:, 0].max() + 1
y_min, y_max = X[:, 1].min() - 1, X[:, 1].max() + 1
# 生成随机数据来做测试集,然后做预测
xx, yy = np.meshgrid(np.arange(x_min, x_max, 0.02),
                     np.arange(y_min, y_max, 0.02))
Z = clf.predict(np.c_[xx.ravel(), yy.ravel()])
# 画出测试集数据
Z = Z.reshape(xx.shape)
plt.figure()
plt.pcolormesh(xx, yy, Z, cmap = cmap_light)
# 也画出所有的训练集数据
plt.scatter(X[:, 0], X[:, 1], c = Y, cmap = cmap_bold)
plt.xlim(xx.min(), xx.max())
plt.ylim(yy.min(), yy.max())
plt.title("3 - Class classification (k = 15, weights = 'distance')")
plt.show()
```

输出结果如图 6-5 所示,可以看到大多数数据拟合得不错,仅有少量的异常点不在范围内。

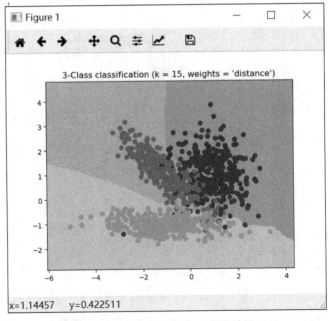

图 6-5 KNN算法 $k=15$ 分类结果

6.3.2 决策树算法

决策树算法在机器学习中是比较经典的一个算法系列,它既可以作为分类算法,也可以作为回归算法,同时特别适合参与集成学习,如随机森林算法。决策树算法主要包括 ID3、C4.5 和 CART 算法,下面重点对 CART 算法做详细的介绍。选择 CART 算法做重点介绍的原因是 sklearn 使用了优化版的 CART 算法作为其决策树算法的实现。

1. ID3 算法的信息论基础

机器学习算法其实很古老,一个程序员经常会不停地敲"if … elif … else",其实就是在使用决策树的思想。只是如果有这么多条件,哪个条件特征先做 if,哪个条件特征后做 if 比较优呢? 如何准确地定量选择这个标准就是决策树机器学习算法的关键。20 世纪 70 年代,心理学家昆兰找到了用信息论中的熵来度量决策树的决策选择过程,方法一出,它的简洁和高效就引起了轰动,昆兰把这个算法称作 ID3。下面将说明 ID3 算法是怎么选择特征的。

首先,我们需要熟悉信息论中熵的概念。信息熵度量了事物的不确定性,越不确定的事物,它的熵就越大,在 ID3 算法中其叫作信息增益,ID3 算法就是用信息增益来判断当前节点应该用什么特征来构建决策树。信息增益越大,则越适合用于分类。

2. ID3 算法的不足

ID3 算法虽然提出了新思路,但是还有很多值得改进的地方。

① ID3 算法没有考虑连续特征,例如,长度、密度都是连续值,无法在 ID3 算法中运用,这大大限制了 ID3 算法的用途。

② ID3 算法采用信息增益大的特征优先建立决策树的节点。很快有人发现,在相同条件下,取值比较多的特征比取值少的特征信息增益大。例如,一个变量有 2 个值,另一个变量有 3 个值,其实它们都是完全不确定的变量,但是取 3 个值的比取 2 个值的信息增益大。

③ ID3 算法没有考虑存在数据缺失值的情况。

④ ID3 算法没有考虑过拟合的问题。

昆兰基于上述不足对 ID3 算法做了改进,得到了 C4.5 算法,也许读者会问,为什么不叫 ID4 或者 ID5 之类的名字呢? 这是因为决策树太火爆,ID3 算法一出现,别人在此基础上二次创新,很快就占用了 ID4、ID5 等名称,所以昆兰另辟蹊径,取名 C4.0 算法,后来的进化版为 C4.5 算法。下面我们就来了解一下 C4.5 算法。

3. C4.5 算法的改进

ID3 算法有 4 个主要的不足之处:一是不能处理连续特征,二是用信息增益作为标准容易偏向于取值较多的特征,其余两个是数据缺失值处理问题和过拟合问题。昆兰在 C4.5 算法中改进了上述 4 个问题。

① 对于不能处理连续特征的问题,C4.5 算法的思路是将连续的特征离散化。

② 对于信息增益作为标准容易偏向于取值较多的特征的问题,我们引入一个信息增益比变量 $IR(X,Y)$,它是信息增益和特征熵的比值。

③ 对于数据缺失值处理的问题,主要需要解决两个问题,一是在样本某些特征缺失的情况下选择划分的属性,二是选定了划分属性,对在该属性上缺失特征的样本的处理。

• 对于第一个子问题,对某一个有缺失值的特征 A 来说,C4.5 算法的思路是将数据分成两部分,对每个样本设置一个权重(初始可以都为 1),然后划分数据,一部分是有特征 A 的数据 D_1,另一部分是没有特征 A 的数据 D_2。然后对没有缺失特征 A 的数据集 D_1 和对应的特征 A 的各个特征值一起计算加权重后的信息增益比,最后乘以一个系数,这个系数是无特征 A 缺失的样本加权后所占加权总样本的比例。

- 对于第二个子问题,可以将缺失特征的样本同时划分入所有的子节点,不过将该样本的权重按各个子节点样本的数量比例来分配。例如,缺失特征 A 的样本 a 之前权重为 1,特征 A 有 3 个特征值 A_1,A_2,A_3,3 个特征值对应的无特征 A 缺失的样本个数为 2、3、4,则 a 同时划分入 A_1,A_2,A_3,对应权重调节为 2/9、3/9、4/9。

④ 对于过拟合问题,C4.5 算法引入了正则化系数进行初步的剪枝,目的是解决过拟合问题。

4. C4.5 算法的不足与思考

C4.5 算法虽然改进或者改善了 ID3 算法的几个主要问题,但仍然有优化的空间。

① 由于决策树算法非常容易过拟合,因此对于生成的决策树必须要进行剪枝。剪枝的算法有很多,C4.5 算法的剪枝方法有优化的空间,主要有两种思路,一种是预剪枝,即在生成决策树时就决定是否剪枝,另一种是后剪枝,即先生成决策树,再通过交叉验证来剪枝。决策树的剪枝思路主要采用的是后剪枝加上交叉验证,选择最合适的决策树。

② C4.5 算法生成的是多叉树,即一个父节点可以有多个节点。很多时候,在计算机中二叉树模型的运算效率比多叉树模型的运算效率高,如果采用二叉树,可以有效提高效率。

③ C4.5 算法只能用于分类,如果能将决策树用于回归则可以扩大它的使用范围。

④ C4.5 算法由于使用了熵模型,里面有大量的耗时的对数运算,如果是连续值会产生大量的排序运算。如果简化模型可以减小运算强度但又不牺牲太多准确性的话,那就更好了。

以上 4 个问题在 CART 算法里面部分地改进了。所以目前如果不考虑集成学习,在普通的决策树算法中,CART 算法算是比较优的算法。sklearn 的决策树使用的也是 CART 算法。

5. CART 算法的最优特征选择方法

我们知道,在 ID3 算法中使用了信息增益来选择特征,信息增益大的优先选择,在 C4.5 算法中采用了信息增益比来选择特征,以减少信息增益容易选择特征值多的特征的问题。但无论是 ID3 算法还是 C4.5 算法,都是基于信息论的熵模型的,其中会涉及大量的对数运算。能不能简化模型同时不至于完全丢失熵模型的优点呢?CART 算法使用基尼系数来代替信息增益比,基尼系数代表模型的不纯度,基尼系数越小,则不纯度越低,特征越好,这和信息增益(比)是相反的。

6. CART 算法对于连续特征和离散特征处理的改进

对于 CART 算法中连续值的处理问题,其思想和 C4.5 算法是相同的,都是将连续的特征离散化,唯一的区别在于在选择划分点时的度量方式不同,C4.5 算法使用的是信息增益比,而 CART 算法使用的是基尼系数。

具体的思路如下。m 个样本的连续特征 A 有 m 个,样本从小到大排列为 $a_1,a_2,\cdots,a_m$,则 CART 算法取相邻两样本值的平均数,一共取得 $m-1$ 个划分点,其中第 i 个划分点 T_i 表示为 $T_i=\dfrac{a_i+a_{i+1}}{2}$。对于这 $m-1$ 个点,分别计算以该点作为二元分类点时的基尼系数,选择基尼系数最小的点作为该连续特征的二元离散分类点。例如,取到的基尼系数最小的点为 a_t,则小于 a_t 的值为类别 1,大于 a_t 的值为类别 2,这样我们就做到了连续特征的离散化。要注意的是,与 ID3 算法或者 C4.5 算法处理离散属性不同的是,如果当前节点为连续属性,则该属性后面还可以参与子节点的产生选择过程。

对于 CART 算法中离散值的处理问题,采用的思路是不停地二分离散特征。

我们来回忆下 ID3 算法或者 C4.5 算法,如果某个特征 A 被选取建立决策树节点,并有 A_1, A_2, A_3 三种类别,我们会在决策树上建立一个三叉的节点,导致决策树是多叉树。但是 CART 算法使用的方法不同,其采用的是不停地二分,还是这个例子,CART 算法会考虑把 A 分成 $\{A_1\}$ 和 $\{A_2, A_3\}$、$\{A_2\}$ 和 $\{A_1, A_3\}$、$\{A_3\}$ 和 $\{A_1, A_2\}$ 三种情况,找到基尼系数最小的组合,如 $\{A_2\}$ 和 $\{A_1, A_3\}$,然后建立二叉树节点,一个节点是 A_2 对应的样本,另一个节点是 $\{A_1, A_3\}$ 对应的样本。同时,由于这次没有把特征 A 的取值完全分开,后面还有机会在子节点继续选择特征 A 来划分 A_1 和 A_3,这和 ID3 算法或者 C4.5 算法不同,在 ID3 算法或者 C4.5 算法的一棵子树中,离散特征只会参与一次节点的建立。

7. 决策树实例

下面给出一个限制决策树层数为 4 的决策树例子,代码如下。

```python
from itertools import product
import numpy as np
import matplotlib.pyplot as plt
from sklearn import datasets
from sklearn.tree import DecisionTreeClassifier
# 仍然使用自带的 iris 数据
iris = datasets.load_iris()
X = iris.data[:, [0, 2]]
y = iris.target
# 训练模型,限制树的最大深度为 4
clf = DecisionTreeClassifier(max_depth = 4)
# 拟合模型
clf.fit(X, y)
# 绘制图形
x_min, x_max = X[:, 0].min() - 1, X[:, 0].max() + 1
y_min, y_max = X[:, 1].min() - 1, X[:, 1].max() + 1
xx, yy = np.meshgrid(np.arange(x_min, x_max, 0.1),
                     np.arange(y_min, y_max, 0.1))
Z = clf.predict(np.c_[xx.ravel(), yy.ravel()])
Z = Z.reshape(xx.shape)
plt.contourf(xx, yy, Z, alpha = 0.4)
plt.scatter(X[:, 0], X[:, 1], c = y, alpha = 0.8)
plt.show()
```

输出结果如图 6-6 所示。

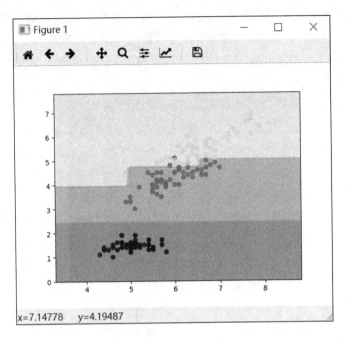

图 6-6　决策树实例

6.3.3　朴素贝叶斯算法

1. 朴素贝叶斯理论

在所有的机器学习分类算法中,朴素贝叶斯和其他绝大多数的分类算法都不同。大多数的分类算法,如决策树、KNN、逻辑回归、支持向量机等,都是分类判别方法,也就是直接学习得到特征输出 Y 和特征输入 X 之间的关系,要么是决策函数 $Y = f(X)$,要么是条件分布 $P(Y|X)$。但朴素贝叶斯是生成方法,也就是直接找出特征输出 Y 和特征输入 X 的联合分布 $P(X,Y)$,然后用 $P(Y|X) = P(X,Y)/P(X)$ 得出条件分布。

朴素贝叶斯算法很直观,计算量也不大,在很多领域有广泛的应用,下面对朴素贝叶斯算法原理做简单的讲解。

2. 朴素贝叶斯相关的统计学知识

在了解朴素贝叶斯算法之前,我们需要对相关的统计学知识进行回顾。

贝叶斯学派很古老,但是其从诞生到一百年前一直不是主流,主流是频率学派。频率学派的权威皮尔逊和费歇尔都对贝叶斯学派不屑一顾,但是贝叶斯学派凭借其在现代特定领域的出色应用表现为自己赢得了半壁江山。

贝叶斯学派的思想可以概括为先验概率＋数据＝后验概率,也就是说我们在实际问题中需要得到的后验概率可以通过先验概率和数据综合得到。数据比较好理解,被频率学派攻击的是先验概率,一般来说,先验概率就是我们对于数据所在领域的历史经验,但是这种经验常常难以量化或者模型化,于是贝叶斯学派大胆地假设先验分布的模型,如正态分布、Beta 分布等。这个假设一般没有特定的依据,因此一直被频率学派认为很荒谬。虽然难以由严密的数学逻辑推出贝叶斯学派的逻辑,但是在很多实际应用中,贝叶斯理论很好用,如垃圾邮件分类、文本分类。

（1）条件概率公式

条件概率的意义是，给定条件发生变化会导致事件发生的可能性发生变化。条件概率由文氏图出发比较容易理解，如图 6-7 所示。

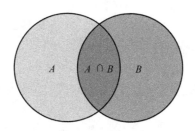

图 6-7　条件概率

$P(A|B)$ 表示 B 发生的条件下 A 发生的概率，由图 6-7 可以看出，B 发生后，A 再发生的概率就是 $\dfrac{P(A\cap B)}{P(B)}$，因此

$$P(A|B)=\frac{P(A\cap B)}{P(B)}$$

由

$$P(A|B)=\frac{P(A\cap B)}{P(B)}\Rightarrow P(A\cap B)=P(A|B)P(B)\Rightarrow P(A\cap B)=P(B|A)P(A)$$

得

$$P(A|B)=\frac{P(A\cap B)}{P(B)}=\frac{P(B|A)P(A)}{P(B)}$$

这就是条件概率公式。

假设事件 A 与 B 相互独立，则 $P(A\cap B)=P(A)P(B)$。

（2）全概率公式

先举个例子，小张从家到公司共有三条路可以直达，如图 6-8 所示，但是每条路每天拥堵的可能性不一样，由于路的长短不同，小张选择每条路的概率如下：

$$P(L_1)=0.5,\quad P(L_2)=0.3,\quad P(L_3)=0.2$$

每天上述三条路不拥堵的概率分别为

$$P(C_1)=0.2,\quad P(C_2)=0.4,\quad P(C_3)=0.7$$

假设遇到拥堵会迟到，那么小张不迟到的概率是多少？

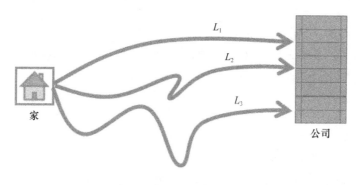

图 6-8　示例

其实不迟到就对应着不拥堵，设事件 C 为小张不迟到，事件 L_i 为选择第 i 条路，则

$$P(C)=P(L_1)P(C|L_1)+P(L_2)P(C|L_2)+P(L_3)P(C|L_3)$$

$$P(C)=P(L_1)P(C_1)+P(L_2)P(C_2)+P(L_3)P(C_3)$$

$$P(C)=0.5\times0.2+0.3\times0.4+0.2\times0.7=0.36$$

全概率就是在已知达到某个目的有多种方式（造成某种结果有多种原因）的条件下，求达到这个目的的概率是多少（造成这种结果的概率是多少）。

（3）贝叶斯公式

借用上述例子，但是问题发生了改变，问题修改为：小张未迟到的情况下选择第一条路的概率是多少？

所求概率当然不是 $P(L_1)=0.5$，因为这个概率表示的是选择第一条路的时候并没有考虑会不会迟到，而现在已知未迟到这个结果，是在此基础上求选择第一条路的概率，所以并不是可以直接得出的。故有

$$P(L_1|C)=\frac{P(C|L_1)P(L_1)}{P(C)}$$

$$P(L_1|C)=\frac{P(C|L_1)P(L_1)}{P(L_1)P(C|L_1)+P(L_2)P(C|L_2)+P(L_3)P(C|L_3)}$$

$$P(L_1|C)=\frac{0.2\times0.5}{0.5\times0.2+0.3\times0.4+0.2\times0.7}=0.28$$

所以所求概率是 0.28。

贝叶斯公式就是当已知结果，求导致这个结果的是第 i 个原因的可能性。

3. 朴素贝叶斯算法小结

朴素贝叶斯算法的主要原理以上已经做了总结，下面对朴素贝叶斯的优缺点进行总结。

（1）朴素贝叶斯的主要优点

- 朴素贝叶斯模型发源于古典数学理论，有稳定的分类效率。
- 对小规模的数据表现很好，能够处理多分类任务，适合增量式训练，尤其是数据量超出内存时，我们可以一批批地进行增量训练。
- 对缺失数据不太敏感，算法也比较简单，常用于文本分类。

（2）朴素贝叶斯的主要缺点

- 理论上，朴素贝叶斯模型与其他分类方法相比具有最小的误差率，但是实际上并非总是如此，这是因为朴素贝叶斯模型在给定输出类别的情况下，假设属性之间相互独立。这个假设在实际应用中往往是不成立的。在属性个数比较多或者属性之间的相关性较大时，分类效果不好，而在属性相关性较小时，朴素贝叶斯性能良好。对于这一点，半朴素贝叶斯之类的算法通过考虑部分关联性适度改进。
- 需要知道先验概率，且先验概率很多时候取决于假设，假设的模型可以有很多种，因此在某些时候会因假设的先验模型导致预测效果不佳。
- 由于是通过先验概率和数据来决定后验概率从而决定分类，因此分类决策存在一定的错误率。
- 对输入数据的表达形式很敏感。

4. sklearn 朴素贝叶斯类库概述

朴素贝叶斯是一类比较简单的算法，sklearn 中朴素贝叶斯类库的使用也比较简单。相对于决策树和 KNN 之类的算法，朴素贝叶斯需要关注的参数是比较少的，因此比较容易掌握。

在 sklearn 中,一共有 3 个朴素贝叶斯的分类算法类,分别是 GaussianNB,MultinomialNB 和 BernoulliNB。其中 GaussianNB 就是先验为高斯分布的朴素贝叶斯,MultinomialNB 就是先验为多项式分布的朴素贝叶斯,而 BernoulliNB 就是先验为伯努利分布的朴素贝叶斯。这 3 个类适用的分类场景各不相同。一般来说,如果样本特征的分布大部分是连续值,使用 GaussianNB 会比较好。如果样本特征的分布大部分是多元离散值,使用 MultinomialNB 比较合适。如果样本特征是二元离散值或者很稀疏的多元离散值,应该使用 BernoulliNB。

6.3.4 支持向量机算法

1. 支持向量

在感知机模型中,我们能够找到多个可以分类的超平面将数据分开,并且优化时希望所有的点都被准确分类。实际上离超平面很远的点已经被正确分类,它对超平面的位置没有影响,我们最关心的是那些离超平面很近的点,这些点很容易被误分类。如果可以让离超平面比较近的点尽可能地远离超平面,最大化几何间隔,那么分类效果会更好一些,SVM 的思想正源于此。

如图 6-9 所示,分离超平面为 $w^T x + b = 0$,如果所有的样本不仅可以被超平面分开,还和超平面保持一定的函数距离(图 6-9 中的函数距离为 1),那么这样的分类超平面是比感知机的分类超平面优的,可以证明,这样的超平面只有一个。和超平面平行的保持一定函数距离的两个超平面对应的向量被定义为支持向量,如图 6-9 中的虚线所示。

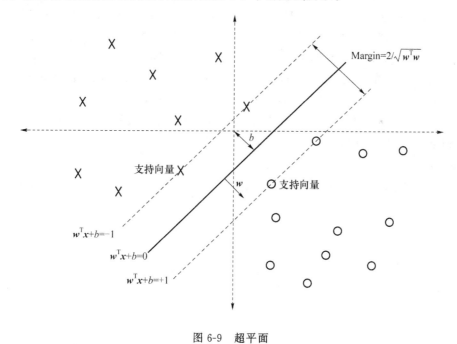

图 6-9　超平面

支持向量到超平面的距离为 $1/\|w\|_2$,两个支持向量之间的距离为 $2/\|w\|_2$。

2. sklearn SVM 算法库使用

sklearn 中 SVM 算法库分为两类:一类是分类算法库,包括 SVC、NuSVC 和 LinearSVC 3 个类,另一类是回归算法库,包括 SVR、NuSVR 和 LinearSVR 3 个类。相关的类都包括在 sklearn. svm 模块之中。

对于 SVC、NuSVC 和 LinearSVC 这 3 个分类的类，SVC 和 NuSVC 差不多，区别仅在于对损失的度量方式不同，而 LinearSVC 从名字就可以看出，属于线性分类，也就是不支持各种低维到高维的核函数，仅支持线性核函数，对线性不可分的数据不能使用。

同样地，对于 SVR、NuSVR 和 LinearSVR 这 3 个回归的类，SVR 和 NuSVR 差不多，区别也仅在于对损失的度量方式不同，LinearSVR 是线性回归，只能使用线性核函数。

我们使用这些类的时候，如果由经验知道数据是线性可以拟合的，那么使用 LinearSVC 去分类或者使用 LinearSVR 去回归，它们不需要我们慢慢地调参，去选择各种核函数以及对应参数，速度也快。如果关于数据分布没有什么经验，那么一般使用 SVC 去分类或者使用 SVR 去回归，这就需要我们选择核函数以及对核函数进行参数调整。

什么特殊场景需要使用 NuSVC 分类和 NuSVR 回归呢？如果我们对训练集训练的错误率（或者支持向量的百分比）有要求，则可以使用 NuSVC 分类和 NuSVR 回归，它们有一个参数来控制这个百分比。

3. SVM 核函数概述

在 sklearn 中，内置的核函数一共有 4 种（包括线性核函数）。

① 线性核函数（linear kernel）表达式为 $K(x,z)=x \cdot z$，就是普通的内积，LinearSVC 和 LinearSVR 只能使用它。

② 多项式核函数（polynomial kernel）是线性不可分 SVM 常用的核函数之一，表达式为 $K(x,z)=(\gamma x \cdot z+r)d$，其中 γ,r,d 都需要用户自己进行参数调整，比较麻烦。

③ 高斯核函数（Gaussian kernel）在 SVM 中也称径向基核函数（Radial Basis Function，RBF），它是 libsvm 默认的核函数，当然也是 sklearn 默认的核函数，表达式为 $K(x,z)=\exp(-\gamma\|x-z\|_2)$，其中 γ 大于 0，需要用户自己进行参数调整。

④ Sigmoid 核函数（Sigmoid kernel）也是线性不可分 SVM 常用的核函数之一，表达式为 $K(x,z)=\tanh(\gamma x \cdot z+r)$，其中 γ,r 都需要用户自己进行参数调整。

一般情况下，对非线性数据使用默认的高斯核函数会有比较好的效果，如果用户对 SVM 不是很熟悉的话，建议使用高斯核函数来做数据分析。

6.4 聚类算法

K-Means 算法是无监督的聚类算法，它实现起来比较简单，聚类效果也不错，因此应用很广泛。K-Means 算法有大量的变体，本节从最普遍使用的 K-Means 算法讲起，在其基础上讲述 K-Means 的优化变体方法，包括初始化优化 K-Means＋＋算法、距离计算优化 elkan K-Means 算法和大数据情况下的优化 Mini Batch K-Means 算法。

1. K-Means 原理初探

K-Means 算法的思想很简单，对于给定的样本集，按照样本之间的距离大小将样本集划分为 k 个簇，让簇内的点尽量紧密地聚在一起，而让簇间的距离尽量大。K-Means 采用的启发式方式很简单，用图 6-10 就可以形象地描述。

图 6-10(a)展示了初始的数据集，假设 $k=2$。在图 6-10(b)中，我们随机选择了两个类所对应的类别质心，即图中的红色质心（左上）和蓝色质心（右下），然后分别求样本中所有样本点到这两个质心的距离，并标记每个样本的类别为与该样本距离最小的质心对应的类别，如

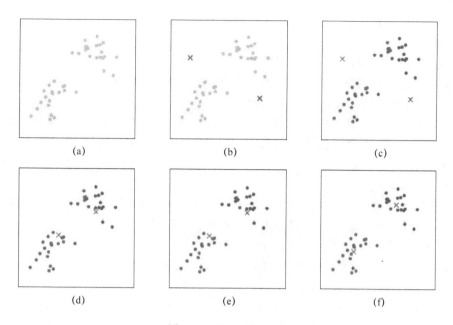

图 6-10　K-Means 原理

图 6-10(c) 所示。经过计算样本和红色质心和蓝色质心的距离,我们得到了所有样本点第一轮迭代后的类别。此时我们对当前标记为红色和蓝色的点分别求其新的质心,如图 6-10(d) 所示,新的红色质心(左下)和蓝色质心(右上)的位置已经发生了变动。图 6-10(e) 和图 6-10(f) 分别重复了图 6-10(c) 和图 6-10(d) 对应的过程,即将所有样本点的类别标记为与该样本点距离最近的质心对应的类别并求新的质心,最终我们得到的两个类别如图 6-10(f) 所示。

当然,在实际的 K-Means 算法中,我们一般要多次重复图 6-10(c) 和图 6-10(d) 对应的过程,才能达到最终的比较优的类别。

2. 传统 K-Means 算法流程

前面我们对 K-Means 算法的原理做了初步的探讨,这里我们对 K-Means 算法进行总结。K-Means 算法的一些要点如下。

① 对于 K-Means 算法,首先要注意的是 k 值的选择,一般来说,我们会根据对数据的先验知识选择一个合适的 k 值,如果没有什么先验知识,则可以通过交叉验证选择一个合适的 k 值。

② 在确定了 k 值后,我们需要选择 k 个初始化的质心,就像图 6-10(b) 中的随机质心。由于是启发式方法,k 个初始化的质心的位置选择对最后的聚类结果和运行时间都有很大的影响,因此需要选择合适的 k 个质心,最好这些质心不要太近。

3. 初始化优化 K-Means＋＋算法

前面我们提到,k 个初始化的质心的位置选择对最后的聚类结果和运行时间都有很大的影响,因此需要选择合适的 k 个质心。如果完全随机地选择,有可能导致算法收敛很慢。K-Means＋＋算法就是对 K-Means 随机初始化质心的方法的优化。

K-Means＋＋算法对于初始化质心的优化策略也很简单,如下所述。

① 从输入的数据点集合中随机选择一个点作为第一个聚类质心。

② 对于数据集中的每一个点,计算它与已选择的聚类质心中与其相距最近的聚类质心的距离。

③ 选择一个新的数据点作为新的聚类质心,选择的原则是:$D(x)$ 较大的点被选作聚类质心的概率较大。

④ 重复②和③,直到选择出 k 个聚类质心。

⑤ 将这 k 个质心作为初始化质心,运行标准的 K-Means 算法。

4. 大样本优化 Mini Batch K-Means 算法

在传统的 K-Means 算法中,要计算所有样本点到所有质心的距离。如果样本量非常大,如达到 10 万以上,特征数量在 100 以上,此时用传统的 K-Means 算法非常耗时,就算加上 elkan K-Means 优化也依旧耗时。在大数据时代,这样的场景越来越多,此时 Mini Batch K-Means 算法应运而生。

顾名思义,Mini Batch 就是用样本集中的一部分样本来做传统的 K-Means,这样可以避免样本量太大时的计算难题,算法收敛速度大大加快。这样做的代价就是聚类的精确度会有一些降低,一般来说降低的幅度在可以接受的范围之内。

在 Mini Batch K-Means 算法中,我们会选择一个合适的批样本大小 batch size,仅用 batch size 个样本来做 K-Means 聚类,一般其通过无放回的随机采样得到。

为了提高算法的准确性,一般会多跑几次 Mini Batch K-Means 算法,用得到的不同的随机采样集来得到聚类簇,选择其中最优的聚类簇。

5. K-Means 算法小结

K-Means 算法是一种简单实用的聚类算法,下面对 K-Means 算法的优缺点进行总结。

(1) K-Means 算法的主要优点

- 原理比较简单,实现也很容易,收敛速度快。
- 聚类效果较优。
- 算法的可解释度比较强。
- 主要需要调整的参数只有簇数 k。

(2) K-Means 算法的主要缺点

- k 值的选取不好把握。
- 如果数据集不是凸的,则比较难收敛。
- 如果各隐含类别的数据不平衡,如各隐含类别的数据量严重失衡,或者各隐含类别的方差不同,则聚类效果不佳。
- 采用迭代方法,得到的结果只是局部最优。
- 对噪音和异常点比较敏感。

6. sklearn K-Means 聚类

(1) K-Means 类概述

sklearn 中包含两个 K-Means 的算法,一个是传统的 K-Means 算法,对应的类是 KMeans,另一个是基于采样的 Mini Batch K-Means 算法,对应的类是 MiniBatchKMeans。一般来说,对于使用 K-Means 的算法,调参是比较简单的。

用 KMeans 类时,一般要注意的就是 k 值的选择,其对应的参数是 n_clusters。用 MiniBatchKMeans 类时,只是多了需要调整的参数 batch_size。

当然,KMeans 类和 MiniBatchKMeans 类可以选择的参数还有不少,但是大多不需要调整。下面介绍 KMeans 类和 MiniBatchKMeans 类的一些主要参数。

(2) KMeans 类的主要参数

- n_clusters:k 值,一般需要多试一些值以获得较好的聚类效果。

- max_iter:最大的迭代次数,一般如果是凸数据集则可以不管这个值,如果数据集不是凸的,可能很难收敛,此时可以指定最大的迭代次数,让算法可以及时退出循环。
- n_init:用不同的初始化质心运行算法的次数。由于 K-Means 是结果受初始值影响的局部最优的迭代算法,因此需要多跑几次以选择一个较好的聚类效果。默认是 10,一般不需要修改。如果 k 值较大,则可以适当增大这个值。
- init:初始值选择的方式,可以为完全随机选择"random",优化过的"k-means＋＋"或者自己指定初始化的 k 个质心。一般建议使用默认的"k-means＋＋"。
- algorithm:有"auto""full""elkan"三种选择。"full"就是传统的 K-Means 算法,"elkan"就是 elkan K-Means 算法,默认的"auto"则会根据数据值是否稀疏来决定如何选择"full"和"elkan",如果数据是稠密的,则选择"elkan",否则选择"full"。一般建议直接用默认的"auto"。

（3）MiniBatchKMeans 类的主要参数

- n_clusters:k 值,和 KMeans 类的 n_clusters 意义一样。
- max_iter:最大的迭代次数,和 KMeans 类的 max_iter 意义一样。
- n_init:用不同的初始化质心运行算法的次数。和 KMeans 类稍有不同,KMeans 类的 n_init 是用同样的训练集数据来跑不同的初始化质心,从而运行算法,而 MiniBatchKMeans 类的 n_init 是每次用不一样的采样数据集来运行不同的初始化质心,从而运行算法。
- batch_size:用于跑 Mini Batch KMeans 算法的采样集的大小,默认是 100。如果数据集的类别较多或者噪音点较多,则需要增加这个值以达到较好的聚类效果。
- init:初始值选择的方式,和 KMeans 类的 init 意义一样。
- init_size:用于做质心初始值候选的样本个数,默认是 batch_size 的 3 倍,一般用默认值即可。
- reassignment_ratio:某个类别质心被重新赋值的最大次数比例。这个参数和 max_iter 一样,用于控制算法运行时间。这个比例是占样本总数的比例,乘以样本总数就得到了每个类别质心被重新赋值的最大次数。如果取值较高,则算法收敛时间可能会增加,尤其是那些暂时拥有较少样本数的质心。默认是 0.01,如果数据量不是超大的话,如 1 万以下,建议使用默认值,如果数据量超过 1 万,类别又比较多,则可能需要适当减小这个比例值,具体要根据训练集来决定。
- max_no_improvement:表示连续多少个 Mini Batch 没有改善聚类效果,就停止算法。和 reassignment_ratio、max_iter 一样,用于控制算法运行时间。默认是 10,一般用默认值就足够了。

7. K-Means 应用实例

下面用一个实例来讲解用 KMeans 类和 MiniBatchKMeans 类来聚类。我们观察在不同的 k 值下的 Calinski-Harabaz 分数。

首先随机创建一些二维数据作为训练集,选择二维特征数据主要是因为方便可视化。参考代码如下:

```
import numpy as np
import matplotlib.pyplot as plt
from sklearn.datasets.samples_generator import make_blobs
```

```
# X为样本特征,Y为样本簇类别,共 1000 个样本,每个样本 2 个特征,共 4 个簇,簇中心在[-1,-1],
[0,0],[1,1],[2,2],簇方差分别为[0.4, 0.2, 0.2, 0.2]
X, y = make_blobs(n_samples = 1000, n_features = 2, centers = [[-1, -1], [0,0], [1,1], [2,2]],
                  cluster_std = [0.4, 0.2, 0.2, 0.2], random_state = 9)
plt.scatter(X[:, 0], X[:, 1], marker = 'o')
plt.show()
```

输出结果如图 6-11 所示。

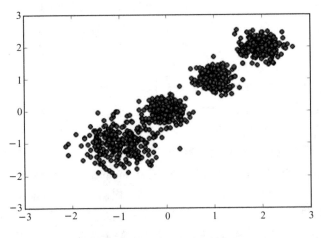

图 6-11　K-Means 样本数据

下面用 K-Means 算法来做聚类,首先选择 $k=2$,代码如下:

```
from sklearn.cluster import KMeans
y_pred = KMeans(n_clusters = 2, random_state = 9).fit_predict(X)
plt.scatter(X[:, 0], X[:, 1], c = y_pred)
plt.show()
```

$k=2$ 时的聚类效果如图 6-12 所示,其中左下两个聚成一簇,右上两个聚成一簇。

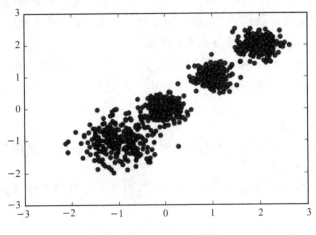

图 6-12　$k=2$ 时的聚类效果

查看用 Calinski-Harabaz Index 评估的 $k=2$ 时的聚类分数:

```
from sklearn import metrics
print (metrics.calinski_harabaz_score(X, y_pred))
```

输出结果如下：

```
3116.1706763322227
```

下面观察 $k=3$ 时的聚类效果，代码如下：

```
from sklearn.cluster import KMeans
y_pred = KMeans(n_clusters = 3, random_state = 9).fit_predict(X)
plt.scatter(X[:, 0], X[:, 1], c = y_pred)
plt.show()
```

$k=3$ 时的聚类效果如图 6-13 所示，其中左下第一个聚成一簇，左下第二个聚成一簇，右上两个聚成一簇。

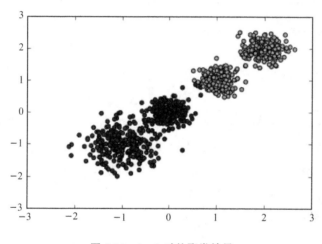

图 6-13　$k=3$ 时的聚类效果

查看用 Calinski-Harabaz Index 评估的 $k=3$ 时的聚类分数：

```
print(metrics.calinski_harabaz_score(X, y_pred))
```

输出结果如下：

```
2931.625030199556
```

可见 $k=3$ 时的聚类分数比 $k=2$ 时的还差。

下面观察 $k=4$ 时的聚类效果，代码如下：

```
from sklearn.cluster import KMeans
y_pred = KMeans(n_clusters = 4, random_state = 9).fit_predict(X)
plt.scatter(X[:, 0], X[:, 1], c = y_pred)
plt.show()
```

$k=4$ 时的聚类效果如图 6-14 所示，每一个独立成一簇。

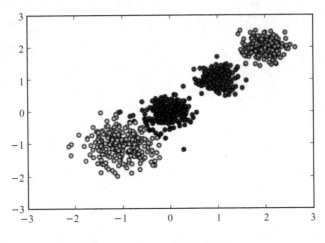

图 6-14　$k=4$ 时的聚类效果

查看用 Calinski-Harabaz Index 评估的 $k=4$ 时的聚类分数：

```
print(metrics.calinski_harabaz_score(X, y_pred))
```

输出结果如下：

```
5924.050613480169
```

可见 $k=4$ 时的聚类分数比 $k=2$ 时和 $k=3$ 时都要高，这符合我们的预期，随机数据集也就是 4 个簇。当特征维度大于 2，无法直接可视化聚类效果时，用 Calinski-Harabaz Index 评估是一种很实用的方法。

下面观察用 MiniBatchKMeans 类的效果，将 batch size 设置为 200。由于 4 个簇都是凸的，因此 batch size 的值只要不是非常小，对聚类的效果影响不大。代码如下：

```
from sklearn.cluster import MiniBatchKMeans
for index, k in enumerate((2,3,4,5)):
    plt.subplot(2,2,index + 1)
    y_pred = MiniBatchKMeans(n_clusters = k, batch_size = 200, random_state = 9).fit_predict(X)
    score = metrics.calinski_harabaz_score(X, y_pred)
    plt.scatter(X[:, 0], X[:, 1], c = y_pred)
    plt.text(.99, .01, ('k = % d, score: %.2f' % (k,score)),
             transform = plt.gca().transAxes, size = 10,
             horizontalalignment = 'right')
plt.show()
```

$k=2,3,4,5$ 对应的输出如图 6-15 所示。

可见使用 MiniBatchKMeans 类时的聚类效果也不错，同样是 $k=4$ 时最优，KMeans 类的 Calinski-Harabaz Index 分数为 5 924.05，而 MiniBatchKMeans 类的分数稍低一些，为 5 921.45，这个差异损耗并不大。

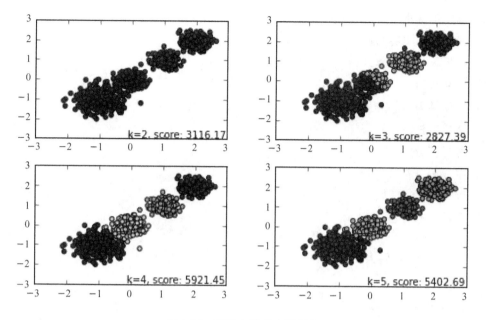

图 6-15　不同 k 值对应的输出

6.5　降 维 算 法

1. 降维算法相关背景

在许多领域的研究与应用中,通常需要对含有多个变量的数据进行观测,收集大量数据后分析寻找规律。多变量大数据集无疑会为研究和应用提供丰富的信息,但是也在一定程度上增加了数据采集的工作量,更重要的是,在很多情形下,许多变量之间可能存在相关性,从而增加了问题分析的复杂性。如果分别对每个指标进行分析,则分析往往是孤立的,不能完全利用数据中的信息,而盲目减少指标会损失很多有用的信息,从而产生错误的结论。因此需要找到一种合理的方法,在减少需要分析的指标的同时,尽量减少原指标包含的信息的损失,以达到对所收集数据进行全面分析的目的。

由于各变量之间存在一定的相关关系,因此可以考虑将关系紧密的变量变成尽可能少的新变量,使这些新变量是两两不相关的,这样就可以用较少的综合指标分别代表存在于各个变量中的各类信息。

主成分分析与因子分析就属于具有以上原理的降维算法。

2. 数据降维

① 降维是一种高维度特征数据预处理方法,是应用非常广泛的数据预处理方法。

② 降维对高维度的数据保留最重要的一些特征,去除噪声和不重要的特征,从而实现提升数据处理速度的目的。

③ 在实际的生产和应用中,降维在一定的信息损失范围内可以为我们节省大量的时间和成本。

3. 降维的优点

① 使得数据更容易使用。

② 降低算法的计算开销。

③ 去除噪声。

④ 使得结果容易理解。

4. 降维算法

① 奇异值分解(SVD)。

② 主成分分析(PCA)。

③ 因子分析(FA)。

④ 独立成分分析(ICA)。

6.5.1 主成分分析

1. PCA 算法的原理

主成分分析(Principal Components Analysis,PCA)是最重要的降维方法之一,在数据压缩、消除冗余和数据噪音消除等领域都有广泛的应用。一般我们提到机器学习降维算法时,最容易想到的算法就是 PCA,下面对 PCA 的原理进行总结。

PCA 就是找出数据中最主要的方面,用数据中最主要的方面来代替原始数据。具体地,假设数据集是 n 维的,共有 m 个数据$(x(1),x(2),\cdots,x(m))$,我们希望将这 m 个数据的维度从 n 维降到 n'维,希望得到的数据集尽可能代表原始数据集。数据从 n 维降到 n'维肯定会有损失,但是我们希望损失尽可能小,那么如何让 n'维的数据尽可能表示原来的数据呢?

最简单的情况是 $n=2,n'=1$,也就是将数据从二维降到一维。原始数据如图 6-16 所示,我们希望找到某一个维度方向,它可以代表这两个维度的数据。图 6-16 中列了两个向量,分别是 u_1 和 u_2,哪个向量可以更好地代表原始数据集呢? 直观上可以看出,u_1 比 u_2 好。

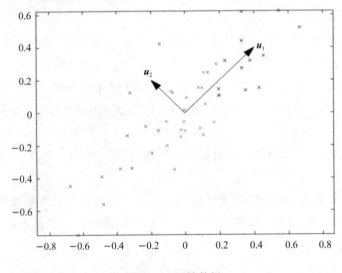

图 6-16 原始数据

为什么 u_1 比 u_2 好呢？有两种解释,第一种解释是样本点到这条直线的距离足够近,第二种解释是样本点在这条直线上的投影尽可能地分开。

假设我们把 n' 从一维推广到任意维,则我们希望降维的标准为:样本点到这个超平面的距离足够近,或者说样本点在这个超平面上的投影尽可能地分开。

2. PCA 算法的处理流程

一般地,如果我们有 m 个 n 维向量,想将其变换为由 r 个 n 维向量表示的新空间,那么首先将 r 个基按行组成矩阵 A,然后将向量按列组成矩阵 B,两矩阵的乘积 AB 就是变换结果,其中 AB 的第 m 列为 A 中第 m 列变换后的结果。

假设有 m 条 n 维数据,PCA 算法的处理流程如下。

① 将原始数据按列组成 n 行 m 列矩阵 X。

② 将 X 的每一行(代表一个属性字段)进行零均值化,即减去这一行的均值。

③ 求出协方差矩阵。

④ 求出协方差矩阵的特征值及对应的特征向量。

⑤ 将特征向量按对应特征值大小从上到下按行排列成矩阵,取前 k 行组成矩阵 P。

⑥ 矩阵 P 即为降到 k 维后的数据。

3. PCA 算法的优缺点

作为一种无监督学习的降维方法,PCA 只需要进行特征值分解,就可以对数据进行压缩和去噪,因此在实际场景中应用很广泛。为了克服 PCA 的一些缺点,出现了很多 PCA 的变种,如解决非线性降维的 KPCA、解决内存限制的增量 PCA 方法 Incremental PCA 以及解决稀疏数据降维的 PCA 方法 Sparse PCA 等。

(1) PCA 算法的主要优点

• 仅需要以方差衡量信息量,不受数据集以外的因素影响。

• 各主成分之间正交,可消除原始数据成分间的相互影响因素。

• 计算方法简单,主要运算是特征值分解,易于实现。

(2) PCA 算法的主要缺点

• 主成分各个特征维度的含义具有一定的模糊性,不如原始样本特征的解释性强。

• 方差小的非主成分也可能含有重要信息,因为降维而丢弃可能对后续数据处理有影响。

4. sklearn PCA 类介绍

在 sklearn 中,与 PCA 相关的类都在 sklearn. decomposition 包中。最常用的 PCA 类就是 sklearn. decomposition. PCA,下面主要讲解基于这个类的使用方法。

除了 PCA 类以外,最常用的 PCA 相关类还有 KernelPCA 类,它主要用于非线性数据的降维,需要用到核技巧,在使用的时候需要选择合适的核函数并对核函数进行调参。

另一个常用的 PCA 相关类是 IncrementalPCA 类,它主要用于解决单机内存限制。有时候样本量可能是上百万,维度可能是上千,直接拟合数据可能会让内存爆掉,此时可以用 IncrementalPCA 类来解决这个问题。IncrementalPCA 类先将数据分成多个 batch,然后对每个 batch 递增调用 partial_fit 函数,这样一步步得到最终的样本最优降维。

5. sklearn. decomposition. PCA 类

下面主要基于 sklearn. decomposition. PCA 类来讲解如何使用 sklearn 进行 PCA 降维。PCA 类基本不需要调参，一般来说，只需要指定需要降到的维度，或者希望降维后的主成分的方差和占原始维度所有特征方差和的比例阈值就可以。

下面对 sklearn. decomposition. PCA 的主要参数进行介绍。

① n_components：这个参数可以指定 PCA 降维后的特征维度数目。最常用的做法是直接指定需要降到的维度，此时 n_components 是一个大于等于 1 的整数。当然，我们也可以指定主成分的方差和所占的比例阈值，让 PCA 类自己根据样本特征方差来决定降到的维度，此时 n_components 是一个(0,1]之间的数。我们还可以将参数设置为"mle"，此时 PCA 类会用 MLE 算法根据特征的方差分布情况自己选择一定数量的主成分特征来降维。我们也可以采用默认值，即不输入 n_components，此时 n_components＝min(样本数，特征数)。

② whiten：判断是否进行白化。所谓白化，就是对降维后的数据的每个特征进行归一化，让方差都为 1。对 PCA 降维本身来说，一般不需要白化。如果 PCA 降维后有后续的数据处理动作，可以考虑白化。默认为 False，即不进行白化。

③ svd_solver：指定 SVD 的方法。由于特征分解是 SVD 的一个特例，一般的 PCA 库都是基于 SVD 实现的。有 4 个可以选择的值：auto、full、arpack 和 randomized。randomized 一般适用于数据量大、数据维度多且主成分数目比例较低的 PCA 降维，它使用了一些加快 SVD 的随机算法。full 则是传统意义上的 SVD，使用了 SciPy 库对应的实现。arpack 和 randomized 的适用场景类似，区别是 randomized 使用的是 sklearn 自己的 SVD 实现，而 arpack 直接使用 SciPy 库的 sparse SVD 实现。默认为 auto，即 PCA 类会自行在三种算法中权衡，选择一个合适的 SVD 算法来降维。一般来说，使用默认值即可。

除了上述输入参数外，有两个 PCA 类的成员值得关注。第一个是 explained_variance_，它代表降维后的各主成分的方差值，方差值越大，则越是重要的主成分。第二个是 explained_variance_ratio_，它代表降维后的各主成分的方差值占总方差值的比例，这个比例越大，则越是重要的主成分。

6. PCA 降维实例

下面用一个实例来讲解 sklearn 中 PCA 类的使用。为了方便可视化，让读者有一个直观的认识，这里使用了三维数据来降维。

首先生成随机数据并进行可视化，代码如下：

```
import numpy as np
import matplotlib.pyplot as plt
from mpl_toolkits.mplot3d import Axes3D
from sklearn.datasets.samples_generator import make_blobs
# X为样本特征,Y为样本簇类别,共1000个样本,每个样本3个特征,共4个簇
X, y = make_blobs(n_samples = 10000, n_features = 3, centers = [[3,3,3], [0,0,0], [1,1,1],
                  [2,2,2]], cluster_std = [0.2, 0.1, 0.2, 0.2],random_state = 9)
fig = plt.figure()
#ax = Axes3D(fig, rect = [0, 0, 1, 1], elev = 30, azim = 20)
plt.scatter(X[:, 0], X[:, 1], X[:, 2],marker = 'o')
plt.show()
```

原始数据的分布如图 6-17 所示。

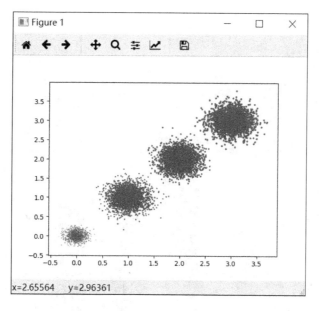

图 6-17　原始数据的分布

先不降维,只对数据进行投影,观察投影后的三个维度的方差分布,代码如下:

```
from sklearn.decomposition import PCA
pca = PCA(n_components = 3)
pca.fit(X)
print (pca.explained_variance_ratio_)
print (pca.explained_variance_)
```

输出结果如下:

```
[ 0.98318212   0.00850037   0.00831751]
[ 3.78483785   0.03272285   0.03201892]
```

可以看出投影后三个特征维度的方差比例大约为 98.3% : 0.8% : 0.8%,投影后第一个特征占绝大多数的比例。

下面进行降维,从三维降到二维,代码如下:

```
pca = PCA(n_components = 2)
pca.fit(X)
print (pca.explained_variance_ratio_)
print (pca.explained_variance_)
```

输出结果如下:

```
[ 0.98318212   0.00850037]
[ 3.78483785   0.03272285]
```

这个结果其实可以预料,因为上述投影后的三个特征维度的方差分别为 3.784 837 85、0.032 722 85 和 0.032 018 92,投影到二维后选择的肯定是前两个特征,而抛弃第三个特征。

为了有直观的认识，查看此时的数据分布，代码如下：

```
X_new = pca.transform(X)
plt.scatter(X_new[:, 0], X_new[:, 1],marker = 'o')
plt.show()
```

输出结果如图 6-18 所示。

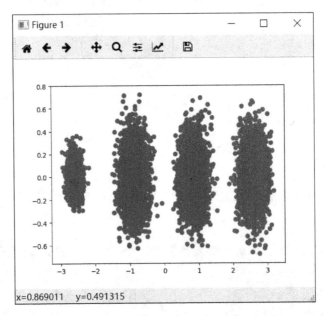

图 6-18　降维后的数据分布

从降维后的数据中依然可以很清楚地看到之前三维图中的 4 个簇。

下面先不直接指定降到的维度，而指定降维后的主成分方差和比例。

```
pca = PCA(n_components = 0.95)
pca.fit(X)
print (pca.explained_variance_ratio_)
print (pca.explained_variance_)
print (pca.n_components_)
```

我们指定了主成分至少占 95％，输出结果如下：

```
[ 0.98318212]
[ 3.78483785]
1
```

可见只有第一个投影特征被保留。这很好理解，第一个主成分占投影特征的方差比例高达 98％，只选择这一个特征维度便可以满足 95％的阈值。下面指定阈值为 99％，代码如下：

```
pca = PCA(n_components = 0.99)
pca.fit(X)
print (pca.explained_variance_ratio_)
print (pca.explained_variance_)
print (pca.n_components_)
```

此时的输出结果如下：

```
[0.98318212   0.00850037]
[3.78483785   0.03272285]
2
```

这个结果也很好理解，因为第一个主成分占 98.3％的方差比例，第二个主成分占 0.8％的方差比例，两者相加可以满足 99％的阈值。

最后观察让 MLE 算法自己选择降维维度的效果，代码如下：

```
pca = PCA(svd_solver ='full',n_components ='mle')
pca.fit(X)
print (pca.explained_variance_ratio_)
print (pca.explained_variance_)
print (pca.n_components_)
```

输出结果如下：

```
[0.98318212]
[3.78483785]
1
```

可见由于数据的第一个投影特征的方差占比高达 98.3％，MLE 算法只保留了第一个特征。

6.5.2　线性判别分析

1. LDA 算法的原理

线性判别分析（Linear Discriminant Analysis，LDA）在模式识别领域（如人脸识别、舰艇识别等图形图像识别领域）中有非常广泛的应用，因此我们有必要了解它的原理。

LDA 是一种监督学习降维技术，也就是说它的数据集中的每个样本是有类别输出的。这点和 PCA 不同，PCA 是不考虑样本类别输出的无监督学习降维技术。LDA 的思想可以用一句话概括，就是"投影后类内方差最小，类间方差最大"。我们要将数据在低维度上进行投影，并希望投影后每一种类别数据的投影点尽可能接近，而不同类别数据的类别中心之间的距离尽可能大。

我们先介绍最简单的情况。假设有两类数据，分别用红色和蓝色表示，如图 6-19 所示，这些数据特征是二维的，我们希望将这些数据投影到一维的一条直线上，让每一种类别数据的投影点尽可能接近，而让红色和蓝色数据中心之间的距离尽可能大。

图 6-19 提供了两种投影方式，哪一种能更好地满足以上标准呢？直观上可以看出，图 6-19(b)的投影效果比图 6-19(a)的要好，因为图 6-19(b)中的红色数据和蓝色数据均较为集中，且类别之间的距离明显，图 6-19(a)则在边界处数据混杂。以上就是 LDA 的主要思想，在实际应用中，数据是多个类别的，原始数据一般超过二维，投影后的一般不是直线，而是一个低维的超平面。

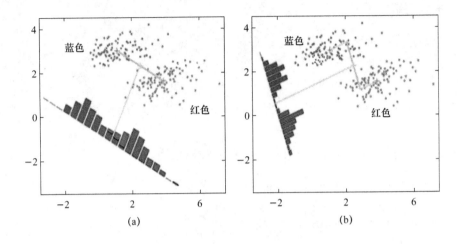

图 6-19　LDA 降维技术

2. LDA 算法的流程

现在对 LDA 降维的流程进行总结。

输入：数据集 $D = \{(x_1, y_1), (x_2, y_2), \cdots, (x_m, y_m)\}$，其中任意样本 x_i 为 n 维向量，$y_i \in \{C_1, C_2, \cdots, C_k\}$。降维到维度 d。

输出：降维后的样本集 D'。

① 计算类内散度矩阵 S_w。

② 计算类间散度矩阵 S_b。

③ 计算矩阵 $S_w^{-1} S_b$。

④ 计算 $S_w^{-1} S_b$ 的最大的 d 个特征值和对应的 d 个特征向量 $(w_1, w_2, \cdots, w_d)$，得到投影矩阵 W。

⑤ 将样本集中的每一个样本特征 x_i 转化为新的样本，$z_i = W^T x_i$。

⑥ 得到输出样本集 $D' = \{(z_1, y_1), (z_2, y_2), \cdots, (z_m, y_m)\}$。

以上就是 LDA 降维算法的实现流程。实际上，LDA 除了可以用于降维，还可以用于分类。一个常见的 LDA 分类的基本思想是假设各个类别的样本数据符合高斯分布，这样利用 LDA 进行投影后，可以利用极大似然估计计算各个类别的投影数据的均值和方差，进而得到该类别的高斯分布的概率密度函数。当一个新的样本到来后，我们可以将它投影，然后将投影后的样本特征分别代入各个类别的高斯分布概率密度函数，计算该样本属于相应类别的概率，最大的概率对应的类别即为预测类别。

3. LDA 与 PCA

LDA 用于降维时，和 PCA 有很多相同之处，也有很多不同之处，下面来比较一下 LDA 降维和 PCA 降维的异同点。

（1）相同点

* 两者均可以对数据进行降维。

* 两者在降维过程中均使用了矩阵特征分解的思想。

* 两者都假设数据符合高斯分布。

（2）不同点

- LDA 是有监督的降维方法，而 PCA 是无监督的降维方法。
- LDA 降维最多降到类别数 $k-1$ 的维度，而 PCA 没有这个限制。
- LDA 除了可以用于降维，还可以用于分类。
- LDA 选择分类性能最好的投影方向，而 PCA 选择样本点投影具有最大方差的方向。

4. LDA 算法小结

LDA 算法既可以用于降维，又可以用于分类，但是目前来说，主要还是用于降维。在进行图像识别相关的数据分析时，LDA 算法是一个有力的工具。

（1）LDA 算法的主要优点

- 在降维过程中可以使用类别的先验知识，而 PCA 之类的无监督学习则无法使用类别的先验知识。
- LDA 在样本分类信息依赖均值而不是方差时，比 PCA 之类的算法更优。

（2）LDA 算法的主要缺点

- LDA 不适合对非高斯分布样本进行降维，PCA 也有这个问题。
- LDA 降维最多降到类别数 $k-1$ 的维度，如果要降到的维度大于 $k-1$，则不能使用 LDA。目前有一些 LDA 的进化版算法可以绕过这个问题。
- LDA 在样本分类信息依赖方差而不是均值时，降维效果不是很好。
- LDA 可能过度拟合数据。

5. sklearn 中的 LDA 类概述

在 sklearn 中，LDA 类是 sklearn. LinearDiscriminantAnalysis。和 PCA 类似，LDA 降维基本也不用调参，只需要指定降到的维度即可。下面对 LinearDiscriminantAnalysis 类的参数进行总结。

① solver：求 LDA 超平面特征矩阵使用的方法。可以选择的方法有奇异值分解"svd"，最小二乘"lsqr"和特征分解"eigen"。一般来说，特征数非常多时推荐使用 svd，而特征数不多时推荐使用 eigen。需要注意的是，如果使用 svd，则不能指定正则化参数 shrinkage 进行正则化。默认值是 svd。

② shrinkage：正则化参数，可以增强 LDA 分类的泛化能力。如果只是为了降维，则一般可以忽略这个参数。默认是 None，即不进行正则化，可以选择 auto，让算法自己决定是否进行正则化。我们也可以选择不同的 [0,1] 内的值进行交叉验证调参。注意，shrinkage 只在 solver 为最小二乘"lsqr"和特征分解"eigen"时有效。

③ priors：类别权重，可以在做分类模型时指定不同类别的权重，进而影响分类模型的建立。降维时一般不需要关注这个参数。

④ n_components：进行 LDA 降维时降到的维度。在降维时需要输入这个参数，注意只能为 [1, 类别数-1) 内的整数。如果不是用于降维，则这个值可以用默认的 None。

由以上描述可以看出，如果只是为了降维，则只需要输入 n_components，注意这个值必须小于"类别数-1"。PCA 没有这个限制。

6. LDA 降维实例

首先生成三类三维特征的数据，代码如下：

```
import numpy as np
import matplotlib.pyplot as plt
from mpl_toolkits.mplot3d import Axes3D
from sklearn.datasets.samples_generator import make_classification
X, y = make_classification(n_samples = 1000, n_features = 3, n_redundant = 0, n_classes = 3,
                           n_informative = 2,n_clusters_per_class = 1,class_sep = 0.5,
                           random_state = 10)
fig = plt.figure()
plt.scatter(X[:, 0], X[:, 1], X[:, 2],marker = 'o',c = y)
```

最初的数据分布情况如图 6-20 所示。

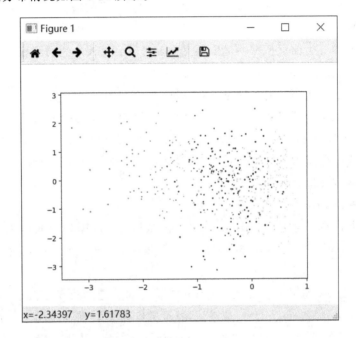

图 6-20　最初的数据分布情况

观察使用 PCA 降到二维的情况，注意 PCA 无法使用类别信息来降维，代码如下：

```
from sklearn.decomposition import PCA
pca = PCA(n_components = 2)
pca.fit(X)
print (pca.explained_variance_ratio_)
print (pca.explained_variance_)
X_new = pca.transform(X)
plt.scatter(X_new[:, 0], X_new[:, 1],marker = 'o',c = y)
plt.show()
```

在输出中，PCA 找到的两个主成分的方差比和方差如下：

```
[ 0.43377069   0.3716351 ]
[ 1.20962365   1.03635081]
```

输出的降维效果图如图 6-21 所示。

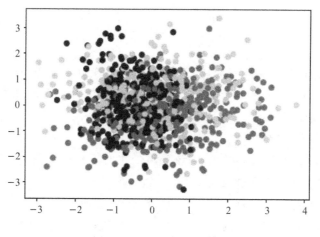

图 6-21　PCA 降维效果图

由于 PCA 没有利用类别信息,我们可以看到,降维后样本特征和类别的信息关联几乎完全丢失。

下面观察使用 LDA 的效果,代码如下:

```
from sklearn.discriminant_analysis import LinearDiscriminantAnalysis
lda = LinearDiscriminantAnalysis(n_components = 2)
lda.fit(X,y)
X_new = lda.transform(X)
plt.scatter(X_new[:, 0], X_new[:, 1],marker = 'o',c = y)
plt.show()
```

输出的降维效果图如图 6-22 所示。

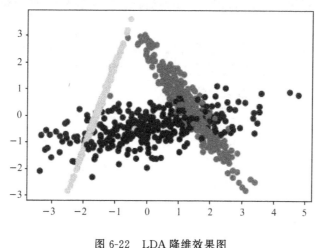

图 6-22　LDA 降维效果图

可以看出,降维后样本特征和类别信息之间的关系得以保留。一般来说,如果数据是有类别标签的,那么优先选择 LDA 去尝试降维,当然也可以使用 PCA 做幅度很小的降维以消除噪声,然后再使用 LDA 降维。如果没有类别标签,那么肯定最先考虑选择 PCA。

6.6　本章小结

　　机器学习是一门多学科交叉专业,涵盖概率论知识、统计学知识、近似理论知识和复杂算法知识,将计算机作为工具并致力于真实实时地模拟人类学习的方式,并将现有内容进行知识结构划分来有效提高学习效率。

　　机器学习有以下几种定义:

- 机器学习是一门人工智能的科学,该领域的主要研究对象是人工智能,特别是如何在经验学习中改善具体算法的性能。
- 机器学习是对能通过经验自动改进的计算机算法的研究。
- 机器学习是用数据或以往的经验来优化计算机程序的性能标准。

　　一个机器学习项目可能并不是直线式的,但是很多步骤都是耳熟能详的:

- 定义问题。
- 准备数据。
- 评估算法。
- 优化结果。
- 呈现结果。

　　机器学习常见的分类如下:

- 监督学习(有导师学习):输入数据中有导师信号,以概率函数、代数函数或人工神经网络为基函数模型,采用迭代计算方法,学习结果为函数。
- 无监督学习(无导师学习):输入数据中无导师信号,采用聚类方法,学习结果为类别。典型的无监督学习有发现学习、聚类、竞争学习等。
- 强化学习(增强学习):以环境反馈(奖/惩信号)作为输入,以统计和动态规划技术为指导的一种学习方法。

　　真正掌握一个新平台、新工具的最好方法,就是用它一步步完成一个完整的机器学习项目,并涉及所有的重要步骤,也就是从导入数据、总结数据、评估算法到做出预测等。这样一套流程操作下来,读者就能够熟悉数据建模流程了。

6.7　本章作业

1. 机器学习常见的分类有哪些?
2. 简述支持向量机算法。
3. 简述朴素贝叶斯算法。
4. 使用多种分类算法进行 iris 数据集分类。

参 考 文 献

［1］ Matthes E. Python 编程从入门到实践［M］.袁国忠,译.北京:人民邮电出版社,2016.

［2］ McKinney W. 利用 Python 进行数据分析［M］.唐学涛,译.北京:机械工业出版社,2013.

［3］ 嵩天,礼欣,黄天羽.Python 语言程序设计基础［M］.2 版.北京:高等教育出版社,2016.

［4］ 刘建平 Pinard.用 scikit-learn 进行 LDA 降维［EB/OL］.(2017-01-04)［2020-07-15］.https://www.cnblogs.com/pinard/p/6249328.html.

［5］ Python 3 教程［EB/OL］.［2020-03-16］.https://www.runoob.com/python3/python3-tutorial.html.

［6］ kris12.python-数据分析［EB/OL］.［2020-06-17］.https://www.cnblogs.com/shengyang17/category/1290151.html.

［7］ SongpingWang.Pandas——练习题一［EB/OL］.(2018-06-22)［2020-05-13］.https://blog.csdn.net/wsp_1138886114/article/details/80768986.